你的近是我的远

和妈妈爱的成长对话

邱雨薇 / 著

山东文艺出版社

前 言

妈妈，让我再重新认识你一次

先从“妈妈”到“陌生人”

因为筹备这本书的创作，我找妈妈要她年轻时候的照片。在她选的照片中，有一张特别吸引我。照片里，她看起来三十多岁的样子，手插着兜，侧着身站着。那一刻，我仿佛看到了一个跟我同龄的陌生姑娘。

小时候觉得妈妈是无所不能的。如今的我也三十多岁了，才明白人到了三十多岁依然会有很多的迷茫，甚至会面对越来越多的迷茫。我可以装成“大人”的样子，扮演各种社会角色，但还是会感到焦虑、不安、恐惧、无奈和怀疑。那时候早已为人母的她，可能时不时地会有相同的困惑吧。

作为心理咨询师，我十分有幸可以把助人和疗愈当成自己的工作。助人行业有一句名言：“渡人者自渡。”意思是我们帮助别人的同时，其实也帮助了自己。在跟不同的母亲、女儿的对话中，我自己从女儿的视角出走，站在不同背景的女性立场上，去了解事情的复杂性。当然，这个过程不能仅靠读几本书、上几年学就能完成，还要伴随着自身的疗愈和对他人处境的理解，分为几个阶段：

从一开始的不适、抗拒，到深入地聆听、理解（“到底是什么让你无法共情孩子的处境？”），再到现在能够立场相对自如地切换（“是什么让双方无法看到和听到彼此？”）。一次次，我练习

序言

如果你是一名家长，或是一名与孩子打交道的专业人士，或者，你所关心的人是有孩子的；如果你想知道如何才能让身边的孩子发挥出最好的一面；如果你觉得自己遇到了挑战，不明白孩子到底怎么了，不管你说什么或做什么，似乎都不能让事情向前发展——那么，我很高兴你读到了这里，这本书正是为你而写的。

我相信，没有什么事情无法驾驭，没有什么谜题不可解决，没有什么语言无法学习，也没有什么拼图不可完成——只要你拥有了所有的拼图碎片。然而，这正是问题所在。也许你已经把所有的时间和精力都花在完成“拼图”上面，但实际上，一些关键的部分却是缺失的。英国有句俗语：我们永远不知道自己不知道什么。因此，到目前为止，也许你只是还没有从关键的角度去思考过这些事情。

序言

在我迄今为止的职业生涯中，每当我与家长、教育界和心理治疗的专业人士探讨孩子时，我发现有一些内容总是会重复出现。最初，这只是我的一些想法，我提出了需要论证的可能性。后来，这个可能性在我攻读硕士学位的研究中得到了有力证实。从那时起，我就把这种可能性以及它背后的神经科学，作为“拼图”的基础部分与人们分享。当你想更好地理解孩子，尤其是更好地理解孩子和大人待在一起时的行为，你就需要在更深的层次上进行理解：我是谁？我的身体在向孩子传达什么信息？

正如古老的智慧所说：“凡事都有其合适的时机，太阳底下的每项活动都有其所属的季节……”每件事都有其最好的时机，阅读也是。精疲力竭时不适合读书和思考，等你吃饱喝足，恢复足够精力之后再来阅读这本书，因为这本书里的信息很重要。希望我分享的文字和故事能给你鼓励，带给你清晰的认知以及切实可行的方法，帮助你在孩子的生活中成为一个真正重要的、名副其实的成年人。

有一点我还需要特别提醒你，有一只“猴子”可能潜伏在你的肩膀上，它时刻准备在你耳边低语“你还不够好”，从而把你卷入愧疚的风暴中。如果你意识到那只猴子的存在，请把它抓起来，不要让它曲解这本书中的任何内容。

无论现在你是否选择继续阅读，我都在为你加油。如果现在是一个好的时机——你醒了，为自己准备了一杯好茶，也准备好了聊天，那么，让我们开始吧，听我讲讲莉萨的故事。

克莱尔 · 威尔逊

目录

第1章
孩子到底在想什么

第2章

理解生存模式，才能理解孩子

目录

第3章

“扎根”的父母能帮孩子重获安全感

第4章

父母是孩子这幅“拼图”的关键碎片

一百年后，

我开的是什么样的车，

我住着什么样的房子，

我在银行有多少存款，

我的衣服是什么样子，

这些都不重要。

但是，

世界可能会变得更好一点。

因为，

在一个孩子的生命之中，

我很重要。

福里斯特·维特克拉夫特

第1章

孩子到底在想什么

1 莉萨的故事：别扭的亲子关系

莉萨的女儿们会叫她“巫婆妈妈”，而比这个称呼更令人伤心的是，她的三个宝贝女儿更愿意和爸爸互动。女儿们会找爸爸讲睡前故事，她们会为谁能坐在爸爸身边看电视而争吵，她们会和爸爸聊学校的生活，她们想要给爸爸晚安吻，而不是妈妈。

人们常说，所有打不倒你的，终将使你更强大。莉萨经历过一个人的“世界大战”。莉萨家有个可怕的邻居，对方十分难相处，性格喜怒无常。她曾经给自己定下任务，要在邻居最可怕的攻击之中挺过三年，并且还要保护女儿们不受邻居的伤害。有一次，邻居像“恐怖袭击”一样破坏莉萨家的信箱，这几乎使莉萨崩溃，却并没有让她变得更强大。

在这件事过后的一次家庭会议中，莉萨全身颤抖地盯着地板，她想说些什么，但几乎发不出任何声音，她咬破了自己的指甲，颤抖的双手无意识地揉搓着一张纸巾。此时此刻，莉萨承认，她的女儿们不听她的话，不喜欢她，更不想靠近她。

孩子只愿意与父母中的某一方亲近，往往是有原因的。不被亲近的那方，可以试着思考自己身上是不是发生了什么，让孩子抗拒靠近。

这样对吗？这公平吗？莉萨明明已经付出了一切，靠自己的力量让她的小家庭平安度过了那些岁月，她为保护女儿们而活。莉萨每次离开公寓都要准确地计时，确保那个可怕的邻居已经离开。当她听到邻居隔着墙咳嗽，就会把女儿们喊到里屋，玩没有声音的游戏，她自己则是连大气都不敢喘。三年来，莉萨一直屏息凝气，才坚持了下来。她牺牲了自己，保护了家庭。

现在，威胁她们一家安全的因素已经消失，可怕的邻居走了，但是她与女儿们的关系也糟糕极了。而这一点，她非常痛苦。

值得庆幸的是，这位特别的母亲所经历的一切，并不是为人父母者的常态。虽然在世界上有些地方，人们每天都在经历生存战，但大多数人则生活在相对安全的环境之中。无论你是谁、在哪里、生活的环境如何，莉萨的故事隐藏着所有人——那些为人父母者、教育者以及那些以任何其他身份与儿童打交道的人，应当了解到的深刻教训。

如果你能花些时间去了解莉萨和女儿们在邻居离开后的几个月里所发生的事情，一定会有所收获，这有利于所有人更有效地与儿童打交道。

莉萨的故事并没有就此结束。为孩子们付出了一切努力之后，她仍然不知道如何才能修复她所珍视的亲子关系。同时，两个女儿也在学校里遇到了困难：一个女儿在阅读方面遇到了障碍，另一个女儿则在交友方面一直不太顺利。莉萨急切地想要帮助她们，但都被她们拒绝了。她们不愿意接受莉萨的帮助，更不愿意靠近莉萨。

父母与孩子之间的互动，只有“双向奔赴”才有意义，有些父母想尽一切办法帮助孩子，殊不知，父母也可能成为子女的“麻烦”。

当你听到莉萨的故事，也许心中会冒出“她还可以做些什么”，甚至是“她还不够好”的念头，但请你不要以所知的少数细节来评判莉萨，只是尊重这位母亲，以及接受这位母亲所展现出来的智慧。因为他人永远无法了解故事的全貌，而这位母亲已经做了自己所能做的一切。这就是本书想要传递的信息。这一点，你也可以将其应用于自身，即减少对自己的评判，并且，请你相信，无论现在你的处境多么戏剧化，或多么平凡，你都能学会，如何向孩子展现最好的一面，发挥出最大的作用。而且，这并不难。

莉萨教会你的东西，比任何关于育儿的噱头、方法或策略都重要得多，它甚至超越了某些最新的技术或技能。请跟我一起探索这个真理吧，这将帮助你成为自己真正想成为的人，那就是：在孩子的生活中产生积极而重要影响的成年人。

2 与孩子相处的底层逻辑：成年人希望自己是和蔼可亲的

最近，我受邀参加一场教师面试，这个面试小组由一所小学的校长、副校长以及理事会主席组成。我带着满脑子的回忆坐在那里，想起了自己曾经作为被面试者的经历。我感到很荣幸，现在的我能够做的不仅仅是坐在那里，还可以观察和提供反馈，我可以充分参与提问的过程。我开心极了！我喜欢与面试者沟通，引导他们发挥出最好的水平。我喜欢妙语连珠地提问，愿意深入到表面之下，找出每个人的独特之处。

当时发生了一件非常有趣的事情。校长向面试者提出了一个问题："如果有人在你的教室里待了十分钟，你最希望他们了解你的地方是什么？"

这是个好问题，不是吗？

如果我向你提出同样的问题——无论是在你的班级、你的家庭、你的办公室或咨询室，抑或你与儿童产生联系的任何其他地方——你会怎么回答？

在你想好答案之前，请不要往下看……

面试者们对这个问题的回答，就像他们的性格一样各不相同。然而，几乎每一位面试者都说了这样一句话："我想让他们知道我是平易近人的。"

这种回答并不会使面试者脱颖而出，因为这并不能凸显他们的个性。相反，这是一个共同的愿望，而我注意到了这一点。“平易近人”这个回答呼应了与我共事过的许多教师的心声，也让我想起了曾经在世界各地遇到的许多家长。

在摩洛哥，一个儿童之家的主管渴望她的“女儿”能和她谈谈自己的噩梦。

作为孩子的唯一监护人，一位父亲经常告诉他的孩子们：“无论你们经历了什么，都可以告诉我。”

一位令人尊敬而富有的妈妈，她有一个十几岁的儿子，她渴望儿子能告诉她在生活中遇到的困难。

在巴西的某个城镇中心，一些热心的当地人组成了一支帮助流浪儿童的小队，他们在一个空停车场度过了很多夜晚，带着水、医疗用品、几大锅的米饭与炖菜，等待孩子们从纸板窝里走出来……

平易近人——这意味着你希望自己对于孩子们来说是容易接近的，希望孩子们知道：当他们遇到困难的时候，可以来找你，他们可以在你这里获得支持。当你养育或照顾儿童的时候，你不会希望孩子们总是“独自行动”。你想帮助孩子们渡过生活中的曲折，想要成为孩子们的积极资源，想帮助他们，想和他们建立良好的关系。

无论大家在语言、文化或其他特征上有多么的不同，这是任何一个关心孩子的人的共同之处，这也是你与莉萨的共同之处。

3 重塑思维：从神经科学角度认识孩子

任何做父母的人都知道，育儿是一份多么艰难的“工作”。即使尚未为人父母，但只要与父母或孩子一起相处过，你一定能隐约感受到：为人父母，在身体、情感、心理以及精神层面是多么艰难。人们常说，这份“工作”承载着极大的责任，因为它会潜在地影响着子孙后代。但是，这样重要的一份“工作”，却没有任何资格证书或强制性的培训来限制成年人“上岗”。

任何教师或其他在教育机构与儿童打交道的人，会知道这是一份多么艰难的工作。每天有六到七个小时，在一个相对封闭的空间里，教师需要负责三十多个儿童的身体和大脑，没经历过的人很难想象其中的困难。这份工作不仅需要与孩子、他们的父母以及其他专业人员相处、沟通，还要承受标准化流程、绩效和审查的压力，在这个过程中需要耗费的精力和体力，没有任何培训能够使人提前做好准备。

而我相信，父母和所有专业人士都有一个共同的愿望——帮助孩子们感受到被支持，并且不论生活给孩子们带来什么，他们都能茁壮成长。而事实是，无论成年人在孩子的生活中扮演什么样的角色，迎来的并不总是美好的日子，那些拥抱、击掌、微笑或是因进步而颁发的奖状，并不是每天都会发生，生活可能会很难。同时，对于关心孩子们的人来说，他们的角色常常伴随着“努力做到最好”的压力，这并不是他们应该或需要这样做，而是他们想要这样去做，因为他们真的关心孩子们。

有时候你常常会感到自己孤身一人，和孩子相处过程中遇到困难也不知如何解决；有时候你的工作要求只是数字的达标，而不是真正地关心孩子们的发展。但，我想提醒你的是，你并不是孤军奋战，有人愿意且有能力支持你。

如果想要更多地了解如何成为可以支持孩子的成年人，你不必在黑暗之中苦苦摸索，只要弄清楚如何去做就可以了。如果你想给孩子带来积极的影响，真正帮助他们发挥出最好的一面，不必“临场发挥”，不必期望自己做到最好，也不必屈从于老旧的育儿模式。你要做的，只是去了解当下最新的理念和研究成果。

最近几年，科学家们在神经科学、神经生理学以及人际关系方面的神经生理学等领域都取得了重大的突破。这些最新的突破正是可以指导你的，其中一个重大进展来自一个了不起的人，他叫斯蒂芬·波格斯。

4 孩子的潜意识时刻在问：我安全吗

斯蒂芬·波格斯是一位科学家，也是一位在世界范围内受人尊重的研究人员，他的主要研究集中在精神病学和人类发展领域。他发现，孩子们的大脑其实总在无意识地思考同一个问题，就好像有个程序一直在大脑中的“电脑桌面”上运行着。猜猜看是哪个问题？

如果你的回答是“为什么？”或“怎么样？”那你就像我这么多年来问过的许多人一样。和这些人一样，你也错了。

在孩子们的潜意识里，一直活跃着的那个问题，就是：

我安全吗?

根据不同的情境，比如孩子身处何地、周围发生了什么、和谁在一起，“我安全吗？”这个问题的答案可能会在一瞬间发生改变。这是一个存在于孩子潜意识之中的问题，因此，如果父母直接询问，孩子不太可能会给出确切的答案。然而，可以肯定的是，如果有任何让孩子感到不安全的事情发生，他们的神经系统会立即做出反应。

波格斯博士解释说，孩子们不断地吸收外界信息，以回答这个价值千金的问题，他将其称之为“神经感知”过程，他是这样定义的：

> 神经感知与知觉不同……它是一种意识范围之外的觉察，是一种潜意识。神经系统处理感官信息，然后通过神经回路来判断一个人或某种经历是否安全、是否危险或是否具有致命性。

那么，对于理解孩子并帮助他们发挥出最好的一面，上述理论意味着什么呢？这对老师在课堂上讲解新知识有什么帮助呢？这与父母如何对待惹麻烦的孩子又有什么关系呢？当孩子遇到困难的时候，他们是来找父母，还是与父母保持距离，自己去寻找解决方案（可能包括否认或回避）并“挺过去”……他们究竟是如何做出决定的呢？要回答这些问题，就需要了解一些关于孩子的重要事情。

5 动物界蕴含的育儿智慧

孩子从出生的那一刻起，就是需要父母的。父母是孩子的生命之源，除了提供给孩子基本的食物营养，保障孩子的衣食住行，还要给予温暖的情感支持。除此以外，父母还是孩子与他人连接的桥梁，是坚实可靠的保护者。孩子们本能地知道，父母会照顾和保护他们。在这方面，孩子就像动物界里的其他许多小家伙一样。

如果前一分钟，熊妈妈还在和它的孩子愉快地玩耍，下一分钟就在微风中嗅到了狼的气味，它就会立刻停止嬉戏。熊妈妈会开始四处寻找，也许会站起来，试图用耳朵、鼻子和眼睛，找到危险所在。幼崽们可能不知道妈妈在做什么，但熊妈妈的注意力、行为、呼吸和肌肉紧绷程度的变化会让幼崽们知道，妈妈正在做一件重要且严肃的事情。直到威胁消失，熊妈妈能够再次放松下来之前，幼崽们都会紧紧跟着妈妈，或者熊妈妈会把幼崽们转移到巢穴中以保护它们。当幼崽们和熊妈妈在一起的时候，它们能够确认自己是安全的还是危险的。人类幼崽也是如此。

在新学年的第一个星期一，我受邀为一所小学的教师团队提供培训。我已经提前预约好，会将我的狗送到它最喜欢的托管师那里。

我给它戴上项圈后，它高高兴兴地跟着我从前门走了出来，直到我打开汽车的后座，它停住了。我鼓励它进去，但它什么都没做，仍然停在那里。我向它展示上车后会得到的食物，还有它最喜欢的玩具，可它还是什么都没做。它转过英俊但任性的脑袋，把目光从车上移开了。

我继续鼓励它，但还是什么都没发生。这可不像它的风格，它通常很快就会上车。如果再这样下去，我会迟到。我决定要把这个问题“扼杀”在萌芽期，转而使用“别搞砸，我是认真的”这个策略。我用更为坚定的语气，用手指着车说“上车”，但还是什么都没有发生。

我现在有点儿生气了，我必须把它送走，再进行我的培训工作。但它似乎不在意这些。

我知道它很敏感，即使我对它大声喊叫，也不会改变目前的局面。所以，我再次改变了策略。我深吸了一口气，心想：“好吧，我会等的，你可以慢慢来。你知道自己需要做什么，我知道你可以做到的，那就等等吧。”

我的狗仿佛有读心术一样，立刻做出了反应，它将那金黄色的毛茸茸的屁股蹲坐在地上，并用它那双敏感而忠诚的深棕色眼睛看着我。

狗是人类忠实的朋友，它能读懂人类没说出口的情绪。

如果它能说话，也许会说："我听到了，你在等我，我也会等你。"

我又回到家里，找到了它最喜欢的咀嚼玩具，在玩具上涂了一小勺花生酱，然后把玩具拿了出来。这是它需要转移注意力的时刻，因此我需要让它知道，会有好事发生。它跳进车里，大吃特吃起来，然后我们就出发了。

事实上，这并不是它表现最好的时刻，相反，它表现得不好。如果这时我把所有的注意力都放在小狗身上，惩罚它不听话的行为，自然是一件容易的事情，但这并不公平。因为我才是导致这件事情发生的主要原因。我努力告诉自己“我很好”，这只是一次培训，就像以前做过的很多次培训一样。然而，小狗知道我很紧张，它应该能嗅到我的压力。我的身体很紧绷，脚步匆忙，声音可能听起来也和平常不太一样，它也无法对我紧张的面部肌肉视而不见。

小狗不知道，我的变化只是因为要给一个庞大的教师团队提供一些新的培训。它不知道我会没事的，它也会度过愉快的一天。它只是感觉到我的紧张和恐惧。虽然不知道我到底要做什么“大事情”，但是它不会丢下我，让我一个人面对困难的。当动物察觉到自己最亲近的人表现出恐惧时，它们往往会靠近他们，待在他们的身边。在这种时刻，对于小狗、小熊和孩子来说，本能告诉他们，选择和主人或父母待在一起，生存的机会可能会更大一些。

我试着反思这一过程中所发生的事情，我发现，只有当我诚实地面对自己的情绪和身体状态，并承认自己紧张时，我才能理解“小狗的潜意识”：“我的主人不太好，这表明事情不太好，可能会有危险，我会不太好。我需要保证安全，紧跟在她身边——这样做比听她的指令更重要。”

作为成年人，父母不能把自己从孩子的故事之中抹去。当父母不太好时，孩子们会有所察觉，并且会受到影响。这就是波格斯博士所说的“神经感知”。有时候，孩子们的反应是尽量和父母保持亲密；而有时，就像莉萨的女儿们一样，她们会尽量远离父母。不管你认为自己与孩子的关系处于何种状态，孩子都不是孤立存在的。日复一日，无论是重要时刻，还是那些不起眼的时刻，你都是孩子们故事的一部分。和你在一起的时候，如果孩子的表现不是他们最好的样子，那么想要真正了解孩子的状况，你可以从审视自己开始，看看自己在其中扮演了什么角色。

6 不安全，是孩子所有问题的答案

进一步讨论之前，需要先澄清一些事情。

你可能会想：“等一下，这是真的吗？一个孩子觉得自己是否安全，完全取决于和他在一起的成年人？孩子的行为举止真的全是因为我吗？”如果这和你的想法产生了共鸣，那么下面的内容就是特别为你准备的。

简而言之，答案是否定的。如果你想要真正了解，究竟是什么因素在影响孩子，及其在某个特定时刻的情绪和身体的安全感水平，你需要考虑以下四个主要方面：外部环境发生的事件；孩子如何与他人交流；孩子自己的内在状态；成年人神经系统的状态。

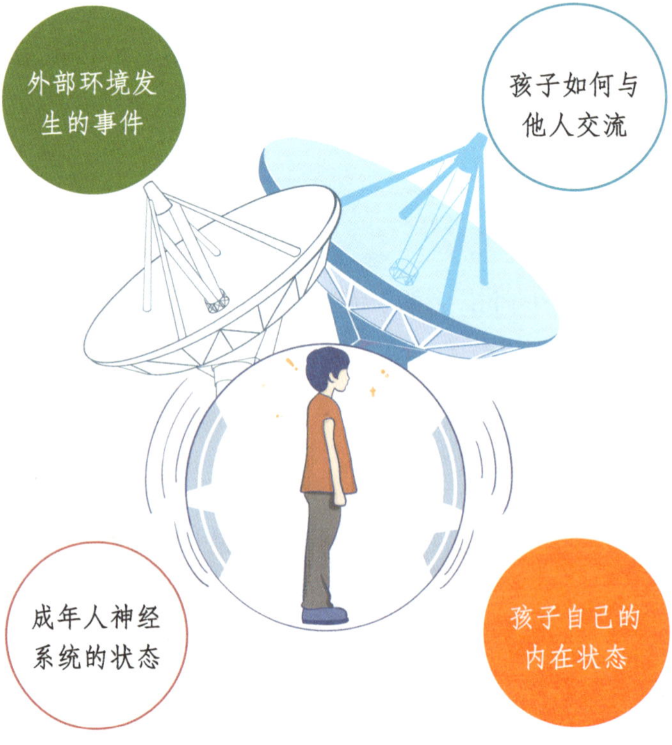

影响孩子情绪和安全感水平的四个因素

外部环境发生的事件

孩子们在宁静的沙滩上愉快地玩耍；他们和特别的人依偎在一起，挤在一张床或沙发上；孩子们可以自由地表达自己，随心创作，而周围的人满意地看着这一切……以上这些例子，都是让孩子更容易感到安全的环境。

在人来人往的公园里，有一条大狗汪汪地叫着向孩子们跑来；孩子在学校参加考试；大人们在大喊大叫，不管是因为喝醉了，还是庆祝比赛胜利，或是在争吵……这些都可能会让孩子感到不安全，并让他们意识到自己所处的环境存在潜在的危险。

作为成年人，即便心思细腻，也无法预测哪种环境会让孩子感到安全，哪种环境会让孩子感到被威胁。比如烟花，再如艺术课、体育课、音乐、特定的声音、气味、游戏时间、晚餐时间和回家时间，等等。有些孩子认为最安全的环境是家里；有些孩子则在学校时感到最放松，因为学校具有可预见性和规律性；有些孩子喜欢自己的卧室，而对另一些孩子来说，卧室并不是一个安全的环境。

> 曾经有一个男孩告诉我，他最喜欢的、觉得最安全的校园时光就是学校的封锁时间。但对于他所在的学校来说，封锁意味着学校里的某名学生陷入了困境，可能很难被控制在教室里，也许他已经在校园里愤怒地横冲直撞。在这所特殊的学校里，这种情况十分常见。这对教职员工而言，是很严重的状况，封锁学校表示学生有可能会对自己或他人造成伤害。
>
> 在许多成年人都感到不安全的情况下，为什么这个男孩却说“封锁时间”是最安全的？他的理由很简单。教室的门是锁着的，走廊里的孩子无法进来；令他头疼的灯被关掉了；每个人都必须保持安静，这是他唯一的“耳朵可以休息”的时刻。对他而言，最大的好处是，没有人可以离开自己的座位。在日常的课堂活动之中，有些孩子会站起来，离开座位，并

且经常过来骚扰坐在课桌前的他。当这些孩子不可以走动时，他感到安全。

灯光、声音、运动和室内设计对儿童的影响常常会被忽略。刺激和过度刺激之间有着一条微妙的界线，一方面刺激可以让人意识到危险的存在，而另一方面刺激则会让人不知所措。火灾警报器、风钻、烟雾警报器和紧急服务警报器都是为了引起人们的警觉。下一次，当你听到身后传来尖叫声，瞥见后视镜里正在闪烁着蓝色灯光时，试着感受自己的心率是如何上升的。对孩子们来说，他们的生理警觉也是一样的，甚至可能更为显著。

孩子如何与他人交流

没有人喜欢被大声呵斥，没有人喜欢被人指挥，没有人喜欢被惊吓，没有人会在被强迫、被操纵或被剥削的时候表现出最好的自己。

你与孩子交流的方式，不论好坏，都会产生难以置信的影响。极为常见的是，孩子们长大后，头脑中的“自我对话”，就来自小时候常常听到的话语。对于许多成年人来说，如何与孩子相处并交谈，从而帮助他们真正发挥出自己最好的一面，并不是一件容易的事。

许多成年人，在自己还是孩子的时候，就没有得到足够的尊重，因此并不知道尊重彼此的说话方式有什么好处。然而，好消息是，这些技能是很容易学习和练习的。我最喜欢的增进孩子和成年人关系的方式之一，就是帮助大人们学习新技能，特别是帮助父母、照顾者或学校工作人员。无论当下已经做到多少，总是有更多的东西要去学习。

一位经验丰富的小学高级教师在参加了沟通技巧的培训之后，第二天给我发来了以下邮件。

> 昨晚的会谈让我反思了自己日常的言谈举止。我已经开始尝试你提过的不同技巧了，我

意识到自己还需要更多的改变。今天下午，在我的课上出现了一次典型的状况。在课堂讨论中，一个孩子总是试图分享他的想法，并想主导整个课堂。之前的我可能会提醒他注意，“不可以大声说话”，虽然几分钟后他可能会再次这么做。但今天，我说的是：“你的意见对我们来说真的很有价值，我们都很想听你说，所以你能等轮到你的时候再说吗？这样我们就都能听你要说的话了。”他做到了，整个下午过得非常顺利。今天下午1点30分左右，他说自己想回家，而在下午3点20分的时候，他说：“我一定要回家吗？”

在与成年人的互动之中，当孩子感受到被尊重和安全时，他们就会与你分享更多的想法和感觉，并且会变得更加诚实。然而，如果孩子对成年人或环境，没有感到完全舒服，那么他们更有可能只是做出表面或简短的回应。成年人通过选择自己与孩子交流的方式，可以改变整个关系，这也是改变家庭或教室氛围较为快速和简单的方法之一。

孩子自己的内在状态

当你考虑孩子的行为时，很少会注意到大脑和身体之间那些不可思议的联系。斯蒂芬·波格斯博士解释说，在神经感知的过程之中，人类的大脑除了从感官通道接收外部信息之外，还会从身体内部接收相关信息，这些信息往往涉及正在发生的事情以及这些事情对自身的安全究竟意味着什么。

接收身体内部的信息是很重要的。举例来说，如果大脑接收到肌肉紧绷的信息，大脑就知道这是不安全的信号之一，因为当危险临近时，人的身体就会发生这种情况。还有很多信号意味着事情不太好，比如心跳加快和呼吸急促。发热、疼痛或其他身体疾病也是不太好或不太安全的信号，同样会激活相同的神经及生理变化。

压力会让人肌肉紧绷、心跳加快和呼吸急促，而持续处于压力状态的孩子，是很难感到安全的。因为这些孩子的身体正在向大脑发送负面信息。学会释放紧张情绪，能够放松肌肉，降低呼吸频率和心率，这些对孩子和成年人而言都是很重要的。这些事情说起来容易，做起来却很难。如果无法自然而然地达到上述状态，可以向受过相关训练的专业人士或机构寻求帮助。

无论是成年人还是儿童，如果在过去经历过创伤或长时间处于高强度压力、紧张或焦虑状态，学会放松可能会是一个更大的挑战，但如果有正确的工具、技术、支持和时机，这将是一个完全有可能克服的挑战。

有很多方法可以帮助身体获得暂时的放松，帮助身体从长期的深度紧张模式中释放出来，让放松变得更像是一种日常体验，而不只是类似偶尔去旅游或度假的感觉。当长期的紧张从肌肉之中消失，呼吸自然地变慢变深，嘴角和眼睛更频繁地出现微笑时，“我的身体很安全”这样的感觉就会出现。

人类的身体要依赖于某些必需的物质才能正常运转，水是其中之一，另一些则是多种微量元素。

父母要确保孩子饮用足够的水，这对帮助他们达到身体机能的最佳状态至关重要。高质量的镁可以帮助紧绷的肌肉获得放松，使其与其他必需的微量元素一同处于平衡状态，进而帮助人体从内到外地改变“紧绷不安全”的状态。大多数人的饮食很难做到完全均衡，由此造成抗氧化剂、维生素和矿物质等缺乏。如果这些微量元素没有达到最佳摄入水平，人的肌肉和身体就难以在最佳状态下发挥作用。

四岁的马克斯被诊断出患上无语言自闭症（non-verbal autism）。他和家庭成员在家的时候似乎很开心，但坐着婴儿车出去旅行对他来说就太累了。如同其他自闭症儿童常见的状态那样，马克斯身体紧绷，从不与人有眼神接触。他的妈妈对此感到很绝望。

马克斯的妈妈是一个聪明的女人，她知道，火腿、薯片、饼干和酸奶并不会帮助马克斯的身体或大脑茁壮成长。因此，她试图做些什么来改变这种情况，比如每天给马克斯补充身体所需的微量元素。之前马克斯的饮食就像他的味觉一样，是一成不变的。马克斯的妈妈小心翼翼地使用经过验证的高品质产品，这些产品的确能给身体带来产品标签上所描述的效果。马克斯的妈妈清楚地知道，不同营养补剂的质量参差不齐，她不能冒险给马克斯吃品质不高的东西。

几周后，马克斯的妈妈在电话那头喜极而泣。她承认自己一直持怀疑态度，抱着试一试的心态，她还是把微量元素掺进了马克斯的酸奶里。现在，她惊喜地观察到儿子发生了变化。在长谈中，有一句话一直萦绕在我的脑海里，她说："马克斯看起来更加平静了，他似乎更加快乐了，整个人也更加放松了。"马克斯的妈妈觉得自己也可以更放松了，因为她知道，至少儿子获得了维持身体机能所需的微量元素，并能应对日复一日的压力。

众所周知，富含 ω-3 脂肪酸（主要为DHA、EPA、ALA）的食用油对大脑功能的发挥有着至关重要的作用。因此，对于注意力不集中的孩子来说，除了控制每天吃的食物，减少他们对食品添加剂和糖分等的摄入，增加富含 ω-3脂肪酸的高品质食用油的每日摄入量，有助于他们的大脑获得正常运转所需的营养。我已经见证了许多孩子从中获益。

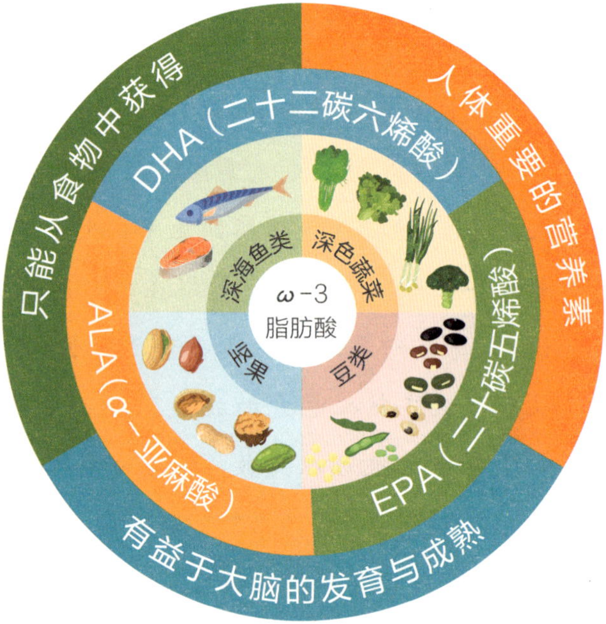

ω-3 脂肪酸的主要成分与富含食物

成年人神经系统的状态

如前所述，很多事情都会让孩子的潜意识忙于回答“我安全吗”这一问题，而最后一个，也许是最重要的一个因素，就是孩子与成年人之间的关系。

如果孩子在成年人身边感到不安全，他们会沉默寡言，或很难对现状产生思考，更不用说有自信或勇气对成年人说出“我感到不安全，是因为你”这样的话语。但是，孩子们的身体和行为会做出反应：哭泣、大喊、奔跑、争吵、打架或进入一种沉默的封闭状态。孩子的身体会对一个让他感到不安全的成年人做出反应，而往往他们自己又要为这些反应付出代价——当孩子表现出这种行为时，通常会受到惩罚。

即使成年人不是让孩子感到不安全的导火索，但成年人自身“安全和稳定”的水平也会影响孩子。压力水平的高低将决定成年人能否有效地帮助孩子平静下来，重新找到安全感。这种情况在学校和家庭之中常常发生。试着想象一下，一个孩子正在为家庭作业而苦恼，也许是因为害怕无法完成，或者害怕一旦做错就会带来某些后果。如果此时和他待在一起的父母碰巧也面临巨大的压力，孩子就会觉得不够安全，就不会把父母当作依靠，也不会向父母寻求帮助。相反，孩子会在挣扎之中感到孤独，会通过挑起战斗、逃跑或自我封闭（僵化）的方式寻求安全感。

我有幸帮助过许多父母，帮助他们发现自己才是解开孩子行为之谜的关键。成年人可以让自己变得忙碌，可以集中精力去控制、否认或压抑过去发生在自己身上的事情所带来的感受。但是，只有当成年人意识到自己内心的紧张，并不再向孩子隐瞒时，才会开始问自己：孩子们的行为是否就像一张晴雨表，反映着自己的压力水平，以及内心从未表露的恐惧或愤怒？

特蕾西是三个孩子的母亲。她经历了一场非常艰难的离婚，她努力地从过去失败的婚姻中走出来，收拾生活的残局，她过得很艰难。这天，她接到了律师的电话，由于对方说话很唐突，他们的通话并不愉快。特蕾西被激怒了，她感到愤怒，也感到无助。她的身体变得很紧绷，但仍尽力保持呼吸平稳，她害怕电话那头的男人能听到她剧烈的心跳。她开始发抖，但仍然紧紧握着手机，坚持通话。挂断电话后，她倒退两步，坐在厨房角落的椅子上哭了起来。一个孩子在楼上，正用他的积木创造新世界，另外两个孩子在客厅里玩耍。特蕾西想放声大哭，但她压制住了自己的声音。她不想让孩子们不高兴，而且他们的睡觉时间也快到了，她只需要熬过这段时间。

她尽己所能平复情绪，擤了擤鼻子。她甚至没有留意到自己身体的其他部分，只是想让自己的脸看起来“很正常”。这时，客厅里的两个孩子开始哭了起来，情绪汹涌而来，孩子们在电视上看到了令人害怕的东西。然而，不同寻常的是，他们不要特蕾西安慰。特蕾西泡了茶，希望这能分散自己的注意力，然后开始洗澡并准备睡觉的例行程序。以往每天这个时候，是特蕾西最喜欢的时间，她可以和孩子们待在一起。但是，今晚她必须独自撑过去，每分每秒都很煎熬。孩子们无法平静下来，也无法安定下来。他们知道出事了，虽然不知道具体发生了什么，也不知道为什么会发生这些事情，但他们就是知道。眼泪是孩子唯一的交流方式，他们知道事情发生了变化，他们的“熊妈妈”变得不一样了，有一些东西让他们觉得一切都变得与平时不同了，这让他们感到困惑和害怕。

成年人的压力水平所起到的作用，更确切地说，成年人神经系统的活跃程度对孩子的影响——很少被理解或重视。**如果你想真正地理解孩子，揭开孩子行为的神秘面纱，支持孩子，激发孩子最好的一面，你就需要把自己视为整幅拼图的关键**

组成部分。比起在内心积累愧疚或羞耻感，从而让自己丧失前进的勇气与动力，理解这些影响因素，看到它们在生活里起到的作用，弄清楚这些事情并做出改变，显得更为重要。

事实上，成年人总是孩子行为之谜的组成部分，这是一个非常关键的概念，也是这本书的主题。

无论你身在沙漠，
还是身在竞技场，
生存的法则，
从未改变。

贝尔·格里尔斯

第2章

理解生存模式，才能理解孩子

7 孩子的神经感知十分活跃

当孩子感到不高兴时，成年人用自己的神经系统、身体语言来帮助孩子平静下来，这被称为“共同调节”。但是，如果孩子和你待在一起的时候无法产生安全感，共同调节就无法发生。如果你的神经系统比孩子的神经系统更活跃或更紧张，共同调节也不可能发生。孩子的神经感知是一种强大、有效而活跃的资源。孩子想要安全，不管你用语言传递了什么样的信息，孩子维持生命的本能都会告诉他，那个时刻的你能否帮助他获得安全。

需要明白的是，孩子确认自己是否安全并不是简单的流程，无法只用“是”或“否”来予以回答。根据神经感知的定义，孩子的神经系统时刻在确认自己是否安全、是否处于危险之中或是否生命受到了威胁。

这是三种可能的选择，而每种选择所带来的行为都明显不同。每个生存阶段其实都是由大脑和身体中不同的神经生理系统或神经感知所驱动的。我将对这些过程进行分解，以便帮助你进一步了解不同阶段之间的差异。

虽然现实生活中人的感觉永远不可能变成一张整齐划一的图表，但令人惊讶的是，下面这张图表准确地描述了孩子每天所经历的心理过程。

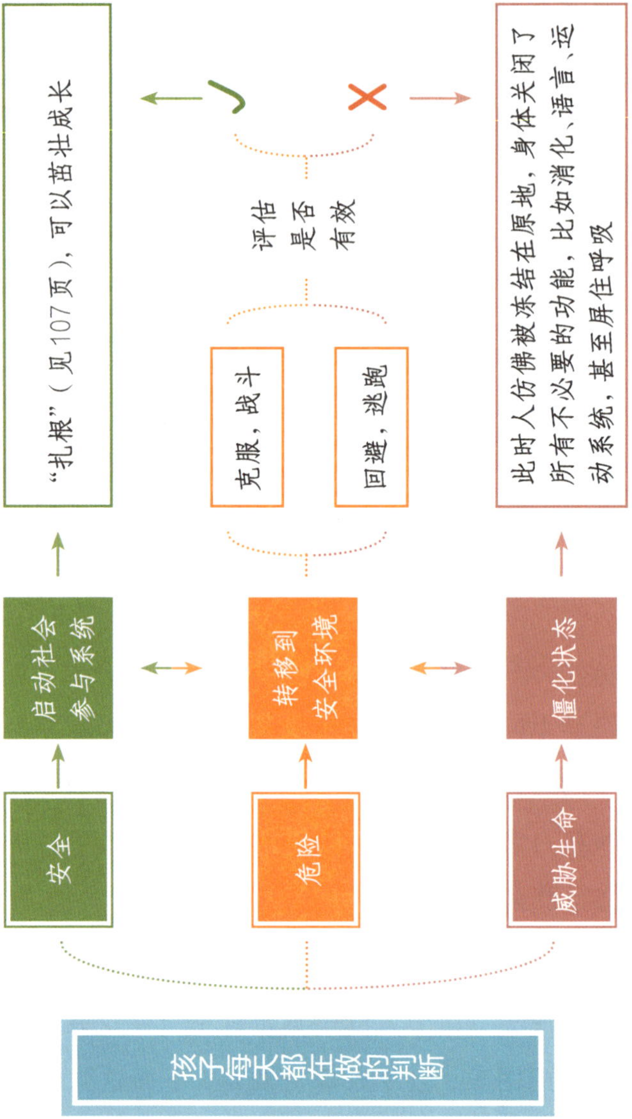
孩子每天都在做的判断
安全
启动社会参与系统
“扎根”（见107页），可以茁壮成长
危险
转移到安全环境
克服，战斗
回避，逃跑
评估是否有效
威胁生命
僵化状态
此时人仿佛被冻结在原地，身体关闭了所有不必要的功能，比如消化、语言、运动系统，甚至屏住呼吸

孩子每天的“心路历程”

如果你对神经科学和神经生理学进行深入挖掘，就能更多地理解这一点。但现在，为了让你更容易理解孩子的神经系统究竟发生了什么，我想先介绍一部电影。

这部电影非常有力地体现了神经感知以及生存斗争的过程、行为和阶段。它就是2013年由汤姆·汉克斯主演的电影《菲利普船长》，它改编自一个真实的事件。

2009年，一艘名叫“马士基·阿拉巴马”号的美国货轮在经过索马里地区时遭到了海盗的袭击。虽然影片中所展现的菲利普船长的英雄形象是存在争议的，现实之中的船员说，他根本不是这样的，他才是首先将货轮置于危险之中的人。但在这里，我们要讨论的不是所有的细节，只是电影的前半部分。

这趟旅程的前半程，对“马士基·阿拉巴马”号来说，一切如常。虽然每个人都知道索马里地区是危险的地方，但天气很好，船员们在工作、休息、吃喝或者睡觉，气氛很轻松。货轮上的内部系统——发动机压力和温度等都在严密地监控之中（就像人们检查身体内部的安全一般，如心率、呼吸速度、肌肉紧张程度等），一切都在正常运转着。船员们也定时检查雷达，时不时用望远镜从舰桥看向舰尾，扫描着周围地区（就像人们使用感官检查周围环境的安全）。地平线一览无余，任何地方都没有明显的危险迹象。

这时，雷达上出现的两个小点引起了船长的注意。它们很快被确认是两艘海盗船。

船长命令船员们在紧急集合点就位，表明这不是演习，现在有迫在眉睫的危险（从社会参与系统的安全状态转为受威胁的危险状态）。

船长命令舵手稍微改变航向（第一次尝试转移到安全环境并远离威胁，即逃跑）。只要向左转5度就足够了，然后观察雷达上的光点是否会跟上来。尽管这两艘小船与“马士基·阿拉巴马”号相比实在是相形见绌，但海盗们仍然准确地跟踪了货轮。

船长命令发动机加大马力（第二次尝试转移并远离威胁）。但是，雷达上的光点移动得更快了，并且离货轮越来越近，海盗船进入肉眼可见的范围，追上货轮可能只是几分钟的事情。

逃跑策略并不奏效，威胁仍然迫在眉睫。现在是时候采取不同的战术了。船长下令再次轻微改变方向，同时进一步提速，目的是在货轮后面形成更大的尾流（将生存方式从逃跑策略改为1号战斗策略）。就像狗在攻击前会咆哮、怒吼和龇牙一样，“马士基·阿拉巴马”号身后的海浪变得越来越大，这还不能让那些被撞得头破血流的小船看到这艘货轮的力量吗？策略起效了，其中一艘海盗船的船员接受了警告，这些海浪对他们来说太大了。如果他们继续追赶，可能很快就会被掀翻，于是撤回岸上。现在只剩下一个不甘示弱的小点还在不断接近，甚至已经接近雷达屏幕的中心。然后，它突然停止了移动。“马士基·阿拉巴马”号的船员们不知道海盗船的引擎已经熄火，海盗们陷入了困境。两艘船之间的差距又逐渐拉大，但“马士基·阿拉巴马”号的船员们一直保持着警惕，他们还不能回到放松的安全状态。他们了解海盗，这是一群决绝而顽强的敌人。只要他们还停留在这片水域，威胁就依然存在。

事实证明，保持高度警戒状态是明智的，因为就在第二天早上，那艘大一点的海盗船又回来了，并再次向他们逼近。“马士基·阿拉巴马”号是一艘货运船只，不是一艘战舰，船上用来战斗的主要“武器”是分布在船身周围的消防水枪。在船长的命令下，每个喷水口都开始涌出水柱（2号战斗策略）。这能震慑甚至打翻那些海盗吗？海盗们找到了一个足以让他们的船溜过去的缝隙，而一旦躲到了水枪的后面，海盗们就会不受阻碍地继续靠近船体。

最后一个战术是孤注一掷而又创造性地使用照明弹（3号战斗策略）。船员们发射出一个接一个的照明弹，这些照明弹原本只是用来吸引人们对遇险船只的注意。它们猛烈地燃烧着，就像微型飞毛腿导弹一样射向海盗船，但总是差那么一点点。

海盗们发现，有一个地方可以将他们的梯子连接到货轮的船体上，他们最终登上了这艘货轮。船长意识到危险程度已经大大增加，他再次改变策略（进入不知所措和威胁生命的状态），命令船员藏身在船腹的引擎室里，将门反锁好。船长命令关闭发动机和所有电源。这艘船现在看来就像“死在了水里”一样（完全不能动弹，也就是僵化状态）。

无论人们年龄如何，如何思考问题，最大的目标都是保住性命。从来到这个世界的那天起，直到离开这个世界的那天止，人们每天都在反复经历这个过程：每当潜意识发现有一丝危险，神经系统就会做出反应，身体和行为也会做出反应。人们要么远离威胁，要么向它走去，试着予以应对，或者就像“马士基·阿拉巴马”号一样，如果这些方法都没有起作用，人们就会关闭自己，僵在原地。

然而，这个过程并不完全是单向的。逃跑者如果确定自己已经使用了足够多的逃跑方法，并且距离威胁已经足够远，就会重新评估危险程度。如果危险程度已经下降，神经系统就将重新校准。如果人们感到自己已经完全不受威胁，那就可以再次恢复到安全状态，并将重新启动“大脑—身体”系统，斯蒂芬·波格斯称之为“社会参与系统”。

通过这部电影来了解生存模式，是一种很好的方式，但真正能帮助到你的，是当你看到这种情况发生在孩子身上的时候，你需要进行一些思考与观察。以下是一些能帮助你理清思路的问题，请同时记录下你的想法。

当孩子感到安全时，谁在他周围？你会用什么词来描述这些人？当孩子感到不安全的时候，孩子会做出什么与平常不一样的事情？

孩子是更倾向于“战斗”，还是“逃跑”？

观察孩子在进入“战斗”或“逃跑”状态时做了什么事情，有时可能并不是像踢、打或跑开那样能明显观察到的动作。

孩子看起来像是自我关闭了吗？有哪些事情会触发孩子进入这种僵化状态？

如果你发现自己很难知道孩子和谁在一起的时候感觉是完全安全的，这可能是因为你还没有遇到过这种状况。而如果你从未见过孩子感到完全安全的时刻，这是非常值得思考的——孩子可能陷入了危险状态和威胁生命状态之间的循环。不要担心，请继续听我讲下去，稍后我会更加详细地讨论这个问题。

8 孩子的问题是成年人的一面镜子

这是我与这位母亲的第二次会面，大约持续了30分钟。上一次，我们一起讨论了很多问题，我也向她和她的伴侣提供了许多建议，值得称赞的是，他们已经做了很多尝试。他们迫切地想要更好地了解自己的女儿，但当我们上次见面时，这对父母强烈地意识到，自己的所作所为正让女儿的生活变得更加艰难。在过去的两个星期里，他们一直在尝试不同的方法，并以理解而不是沮丧的态度来迎接自己的女儿。因此，我们的第二次会面在很大程度上是一次庆祝。我听到，他们家里的情况发生了变化，这真是太好了。我为这位女士为了成为女儿所需要的母亲而付出的努力感到非常骄傲。

气氛很轻松，我们都很放松。有许多欢声笑语，以及庆祝他们进步的“欢呼声”，我和这位母亲有很好的眼神交流，我们在对方面前都感到很舒服。然后，这位母亲提到女儿在吃饭的时候有时还是很棘手。我问她如果发生这种情况，她会说些什么。她跟我说，如果现在是家里的茶歇时间，她和女儿会像我和她现在这样，面对面坐着。

那一瞬间，我的身体变得紧张起来。我感到不舒服，坐在椅子上的身体开始向后挪动。我的心脏开始“怦怦”加速跳着。我觉得自己变得很渺小，面红耳赤的，而且想要立刻冲出去。为什么会有这样的感受？明明我和这位母亲都是成年人，我们正在谈论一个小女孩以及吃饭时所发生的事情，我们是站在同一阵线的。但就在一瞬间，当这位母亲复现她在餐桌上对女儿说的话，以及她是如何说这些话的时候，我突然感觉自己受到了威胁。

这位母亲说了什么话其实并不重要，重要的是在那一瞬间，我和她在一起的感觉，从很舒服到一点也不安全，我的社会参与系统从运转良好变成了立刻想逃跑。虽然她并没有触碰我，但我却感觉到她的能量突然发生了变化。从她的身体层面，我充分地体验到了她的挫折感。她大声而快速地说着话，话语很简短。她坐在椅子上，身体向前移动了一下，用手比画着，显得很有气势。突然间，我感觉桌子对面就像坐了一位暴君。我的理智知道自己在身体层面仍然是安全的，然而，我的神经系统已经从她的语言和非语言表达中接收到了信号，并认为自己处于危险之中，需要尽快离开。我的身体正是理解这一切的关键所在。

不仅是孩子会依靠神经感知来指导生活，成年人也同样如此。我能够注意到自己的内心、身体以及神经系统里发生了什么，我和这位母亲讨论了这一切，我能够利用经验帮助她。我与这位母亲进行了一些分享，尽管我知道，她不是在和我说话，但她的语气、语速和所说内容背后咄咄逼人的态度，让我这个成年人都会感到不知所措。如果我是一个小女孩，面对母亲的这种态度时，我知道自己的神经系统会有同样的反应，我也会感到非常害怕。

这位可敬的母亲谦虚而开明，能够接受我与她分享的内容。她感觉到了自己体内从平静变成愤怒的战斗状态时的能量变化。她说，她和伴侣也会有这样的时刻，在工作中亦是如此。值得称赞的是，她抓住了这个自我感知的时刻，并选择了积极改变。她意识到，要想真正帮助女儿，她需要先专注于帮助自己。

9 三大生存状态：战、逃、僵

我想大多数人都听说过这三种常见的生存状态。如果人们感到有什么东西对自己构成了威胁，就会进入战斗、逃跑或僵化状态。这是人类最基本的生存模式。

人们通常认为，这三种状态都是面临危险时的平等选择，但我对此有不同的理解。

我认为，战斗和逃跑都是源自个体试图调动自身的尝试，即让自己面对危险或远离危险。而僵化，是只有在其他两种状态都不奏效的情况下才会去做的事情，是人们为生存而做的最后尝试。僵化状态表明，事情已经变得非常严重了。

如果你想更好地理解孩子和自己，也想更好地处理你和孩子之间的关系，就必须更多地理解这三种生存状态，更多地理解成长与生存之间的关系。

所以，让我们一起投入一些时间，真正地理解人们处于不同的状态时，大脑和身体所发生的变化：能做什么，不能做什么，会做什么，不会做什么，如何表现，以及如何看待自己和周围的世界。神经系统在体内默默地发生着变化，看起来很难理解，但是一切都有迹可循，会在各方面有所展现。让我们从下面的内容开始，真正理解“安全意味着什么”“茁壮成长意味着什么”。

10 安全状态：让孩子充满安全感，茁壮成长

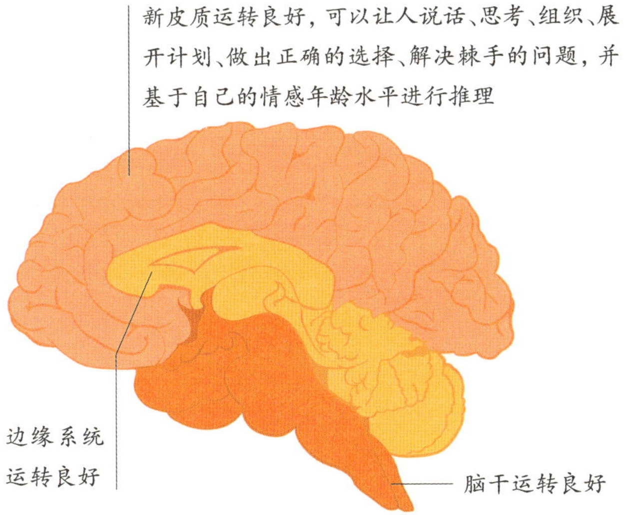

处于安全状态时，孩子大脑的新皮质、边缘系统、脑干都在认真工作，运转良好。

孩子在安全状态下的感受

现在很安全。

没有坏事发生。

没有坏事将要发生。

茁壮成长。

安全状态下神经系统如何工作

副交感神经系统占主导地位，腹腔迷走神经/髓鞘迷走神经负责将信息从大脑发送到肠道，并从肠道和肌肉返回大脑。这些神经系统还使能量流从脑干通过它的某个分支进入心脏，并通过另一个分支进入眼睛、面部肌肉和中耳的神经。

眼睛

眼睛功能良好。

可以与他人进行眼神交流。

可以读懂他人，并通过他们的语气、肌肉变化理解他们真正的想法。

表情会随感受到的不同情绪而发生变化。

眼睛能看出是发自内心的微笑。

听力

耳朵功能良好，可以听到各种频率的声音。

可以过滤掉背景噪声。

在嘈杂的环境中，可以把注意力集中到自己想注意的声音上面。

能听到他人对自己说的话。

可以倾听和处理他人说的话。

能按照指示行动。

身体

心率是稳定的。

呼吸是有节律的，可以进行深呼吸。

胃口很好，知道自己什么时候饿了。

消化系统运作良好。

可以轻松而有规律地如厕，并且可以注意到自己何时需要如厕。

睡眠状况良好。

免疫系统运行良好。

可以向内关注到自己的身体，可以感觉到自己的肌肉紧张，并能放松它们。

互动

很乐意与他人交流，认为这是安全的。

喜欢听或讲笑话、幽默的故事。

可以轻易地分辨人们是否在撒谎。

可以把一张没有表情的脸只是看成没有表情的（中性的），尝试与这个人接触，看看他是否会与自己产生交集。

当他人心烦、生气或焦虑时，可以陪在他们身边。可以思考他们不高兴的原因，究竟是因为自己，还是别的原因。

可以培养并提升同理心。

人生观

总体来说，世界是一个好地方。

对生活保持一种开放的姿态和态度。

可以去新的地方，学习和尝试新事物，由此来探索、扩展和增加自己生活的广度。

能承担风险。

具有创造性。

可以感受到自己身体的感觉。

能感觉到自己与其他事物相连接的部分。

能意识到自己的感觉、身体、周围环境和其他人，并能与之联系起来。愿意与他人建立连接。

当自己想要开始分享的时候，就会逐渐分享更多关于自己的信息。

感到自己是理智、沉着的。

感到自己可以茁壮成长。

11 防御状态：当孩子感到危险时，或战斗或逃跑

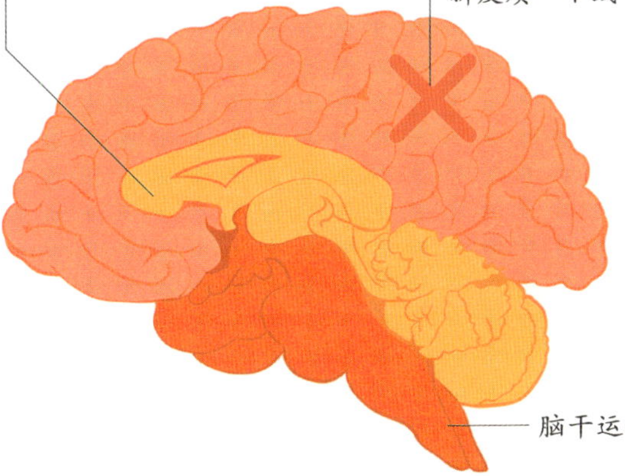

孩子处于防御状态时，新皮质“下线”了，大脑开始更多地依靠边缘系统。

孩子在防御状态下的感受

现在不安全。

现在很危险。

可能会发生不好的事情。

防御状态下神经系统如何工作

交感神经系统占主导地位，髓鞘迷走神经已经关闭，与它一同关闭的还有它所执行的所有功能——当人体优先考虑生存斗争时，就会暂停掉这些功能。

眼睛

视线更集中。

视野变得更窄了，只能看到正前方的人或物。

环顾四周，对危险保持警惕。

眉毛改变了位置。

瞳孔扩大，这样可以让更多的光线进入，从而改善视力，了解更多的视觉信息。

听力

听力发生变化，不再能听到所有的声音。

听到的主要是低频声音，因为中耳功能发生了改变，专注于聆听低频的声音之中所包含的威胁。

无法听清楚他人说的每一句话。

如果以正常的处理速度，根本无法理解别人所说的内容。

在教室、操场、餐厅、购物中心或其他任何喧闹的地方，无法筛除背景噪声。

听力变得更加敏感了，现在一切声音都显得更大声了。

身体

神经系统发生的部分变化使肾上腺开始发挥作用，并释放出所需要的激素来维持生存斗争。

如果长时间保持这种状态，身体会分泌较多肾上腺素、去甲肾上腺素和皮质醇。

心率很高。

血液被分流到主要肌肉群中。

呼吸变得更快、更浅。

已准备好付诸行动来保护自己。

进入战斗或逃跑状态。

脸变红了——大量的血液冲向眼睛、耳朵、鼻子和大脑。

变得很热，开始出汗，为准备战斗或逃跑时的体温升高做好准备。

专注于摆脱威胁或远离威胁，除此以外，没有其他更重要的事情。

嗅觉变得更加灵敏。

可以嗅出别人散发出来的“压力汗水”（因紧张和压力流出的汗水）。

感觉到口干舌燥，因为分泌唾液并不是目前最重要的事情。

睡眠能力变得很差，认为睡觉是不安全的，发现自己很难入睡。即便迷迷糊糊地睡去，也无法进入深度睡眠，精力很难得到恢复。

消化能力下降了，食欲也在减退。

免疫系统被削弱了。

表情可能看起来很呆板。

皮肤可能看起来很苍白，因为血液已经从皮肤下流走，以支持感觉器官和肌肉。

身体进入战斗状态

变得爱争论。

大声说话。

更容易喊叫。

变得更有攻击性。

手和腿都充满了力量。

变得“强壮”。

动作幅度变得更大——抬起手臂，站得更直，向前迈步，做出各种手势。

可能会与他人发生肢体冲撞——投掷、击打、抽打、踢打。

发现自己很难停下来，直到威胁消失。

身体进入逃跑状态

想要回避。

无法待在原地不动，因为想离开威胁自己的东西。

改变话题或使用其他分散注意力的技巧。

大声说话或大声喊叫，或者变得很安静。

腿变得充满力量。

变得“强壮”。

可能会离开——慢慢移动、走掉或跑开。

发现自己很难停下来，直到离威胁足够远。

互动

远离社交活动。

会把他人没有表情的脸看成愤怒或具有威胁的脸。

除非对方明显不具有威胁（例如，对方显得很安静，体格比较弱小或与自己保持安全距离），否则会认为对方是一个危险的人。

如果有人在四周快速移动，就认为他们是冲着自己来的，会做出反应来保护自己。

如果不被允许（在办公室或教室里）移动，将以其他方式移动——在椅子上摇摆，钻到桌子下面，扭动身体，摆弄东西等。

人生观

战斗状态下的人生观

对某些事情感到愤怒。

感到自己是无敌的。

逃跑状态下的人生观

现在感到很害怕。

感到自己很脆弱。

战斗状态和逃跑状态共有的人生观

对现在和未来的事情感到担心或焦虑。

感到自己不安全，感到自己是不理智的。

感到自己只是为生存而战。

12 僵化状态：孩子感到生命受到威胁

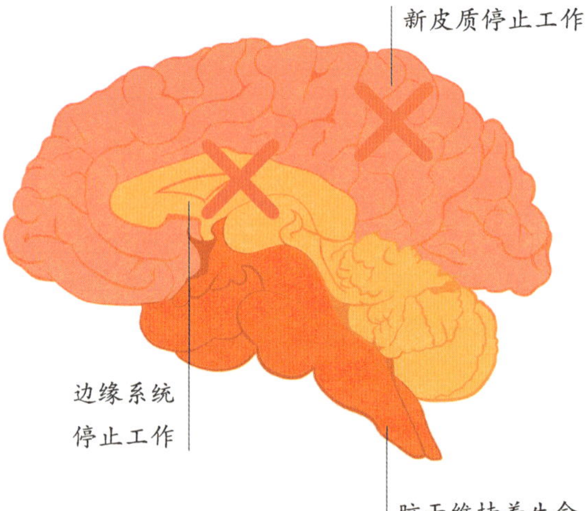

处于僵化状态时，孩子的新皮质和边缘系统都“下线”了，现在只有脑干还在工作。此时，孩子几乎无法说话、思考、组织、计划或做出选择，无法记住任何东西，只能通过静止不动和自我关闭来维持生存，可能想要逃跑，但动弹不得。整个人处于解离状态，身体在场，但思绪已经飘远。

孩子在僵化状态下的感受

正在发生一些非常糟糕的事情。

感到生命受到了威胁。

僵化状态下神经系统如何工作

交感神经系统关闭了，转而运用大脑中最古老的部分脑干——人类与爬行动物共有的脑区。在神经系统之中，正在运行的部分是无髓鞘的迷走神经背核，它工作只是为了保持基本功能——心跳、消化、排便和性行为。

眼睛

无法与他人进行眼神交流。

由于大脑的变化，难以应对明亮的灯光，难以适应快速移动的物体。视觉层面有太多的东西需要处理，让人感到不知所措，需要空旷的空间。

听力

听不见，也无法理解听到的话。

身体

面无表情——面部没有任何肌肉活动。

消化系统停止运行。

免疫系统关闭。

食欲消失。

仍然可以如厕——但可能无法控制什么时候去。

开始便秘或着急上厕所。

身体现在充斥着自己释放的阿片样肽（具有镇痛作用）。

无法关注自己的身体。

无法注意到自己是否受了伤或者是否疼痛。

肌肉变得很紧绷或过度松弛。

心跳非常快或非常慢。

全部或部分身体就像被卡住，动弹不得。

互动

没有互动的能力，也不会主动与他人建立联系。

和他人待在一起感觉不安全。

感到自己很脆弱。

试着把自己孤立起来以获得安全感。

只想整天都待在一个让自己感到安全的地方(比如床上或家里)。

人生观

处于僵化状态。

试图通过隐藏自己来拯救自己。

无法前行。

被卡住了。

让自己在身体和生活层面都变得很渺小，不希望被任何人注意到。

一点儿也不安全。

离沉着冷静的自己还很遥远。

几乎无法为生存而战。

读到这里，如果你试着想想周围的孩子，也试着想想你自己，可能会发现很有趣的事情。无论是5岁还是65岁，当人们感到不安全时，大脑、身体以及潜意识都会发生上述这些变化。

如果你想从这本书里获得一些超越期望的东西，你可以拿出纸笔，记录下自己对以下这些问题的回答。

你能否注意到自己在何时会处于不同的状态？

你是否对其中的某一种状态更为认同？

当你感到不安全时，你会进入哪种状态？

你面对不同的情况时（工作、家庭、友情）会使用不同的应对方式吗？

你关于缺乏安全感的童年记忆是什么？那时的你进入了哪种状态？

当你处于某种状态时，你的孩子、周围的人会看到什么？或者他们会经历何种变化？

13 功能性僵化：旷日持久的身心伤害

当你看过上述不同生存状态导致的生理变化之后，是否很难把自己归为其中任何一种状态？因为你可能会同时拥有两种不同的状态。

如果你在生活中发现自己具有僵化状态的某些表现（感觉与生活或他人脱节，难以获得快乐，难以体验到深刻的平静，或试图尽最大努力隐藏自己），但同时也能意识到自己内心巨大能量的“调动”状态，请不要担心，这真的很常见。

当一个人处于完全僵化的状态时，交感神经系统完全关闭。在这种状态下，人们几乎无法移动自己的四肢，无法站立或坐下等。人们无法与他人进行任何眼神交流，或者除一些平淡的面部表情以外，几乎没有任何其他表情。总的来说，没有声音，没有言语，没有活力。那么，这是否意味着，如果一个人没有出现以上行为，他就没有处于僵化状态呢？

处于僵化状态的人，就像在开车时，一只脚踩离合，一只脚踩刹车，这种操作会对车辆造成极大的伤害。因此，在这种状态下，人的身心所承受的痛苦可想而知。

答案并非如此。当人们被无法抵抗或无法逃离的可怕事物压垮时（尤其还是孩子的时候），内部系统就会关闭，而身体则会保持肌肉的紧绷模式，并以这种方式储存能量，必要的时候，这些能量会用来战斗或逃跑。这种巨大的内部能量通常不会自行消散，而是会在体内停留数年，甚至数十年。这些来自肾上腺素和皮质醇的能量，会被用来“驱动”个体在当前的生活中维持运转。

有一些才华横溢的人，可能在很年轻的时候就取得了巨大的成就，但他们却与自己的生活或周围人表现出一种疏离感，或者很难感受到快乐、平静和深度满足，这并不罕见。这些人似乎从记事起就一直处于“前进”状态，经过一整天的漫长工作之后，他们可能会继续在健身房或社交活动中消耗大量的时间。他们可能会感到一种深深的需要——要继续前进，要继续向前，不要停下来。他们可能会发现放松、睡懒觉或者什么都不做，比获得更多的学位或资格证书更困难。他们很少注意到自己的身体，因为他们只是在靠头脑活着，只要早已不堪重负的身体还没有倒下，他们就会继续坚持下去。他们不知道自己的身体之所以这样忙碌，其实只是因为想从早年的痛苦之中解脱出来。这就是“功能性僵化”，这个术语是由彼得·莱文创造的，他具有生物物理学和心理学的双重背景，是研究神经系统的一位了不起的学者。

14 不要忽略声音对孩子的威胁

不知道你有没有注意到，当一个人缺乏安全感时，他的听力也会发生变化。

几年前，我曾遭遇过一场交通事故，我的车被一辆卡车撞到完全报废，但幸运的是，没有人在事故中受重伤。我只是颈部有一点擦伤，除此以外没有其他任何实质上的损伤。我在高速公路旁接受了医护人员的检查后，他们便把我送到了附近的一家酒吧。我在那里等出租车来接我，再把我送到目的地。

坐在酒吧里的时候，我还沉浸在交通事故的余波里，我忽然意识到，自己的听力有点不太对劲。我听到酒吧的背景音乐声非常大，我不敢相信酒吧里的其他人居然不觉得吵。当老板过来询问是否需要给我拿杯水，我几乎听不到他的声音。我被背景音乐声淹没了，根本听不到老板在说些什么。

我当时并不理解，以为自己出了什么问题。但实际上，这是创伤经历导致我在生理层面发生的某种变化。车祸发生时，我紧紧地抓着方向盘，进入了僵化状态。后来，在专业医生的帮助下，我的神经系统恢复了，听力也随之恢复。

因此，我非常理解那些经历过创伤的孩子，当他们坐在教室里试图甄别出老师的声音，或想要听清楚餐厅服务员对他们说的话，都是非常困难的事情。我也能理解，那些坐在教室里，却因为某种原因感到不安全的孩子，以及那些和父母一起待在嘈杂环境中的孩子，对他们来说，努力听清和理解别人说的话，是多么困难的事情。这些孩子并不是淘气、有意逃避或没礼貌，他们是真的听不清楚。这并不是说他们的听力需要得到改善，而是他们的神经系统需要得到帮助，从而重新获得安全感。

在感到不安全时，孩子的听力所发生的变化，真的非常有趣，尤其是当他们身处语言发展阶段的时候。当人们进入防御状态时，中耳就会发生变化，就像我前面提到的熊妈妈一样，会检查周围的环境，会用感官来寻找危险潜伏的信号。在日常生活中，尽管孩子们不需要戒备周围的狼群，或任何其他捕食者，但如果没有处于安全稳定的状态之中，他们仍然会保持警惕，试图发现危险。在动物世界里，威胁的声音一般都是低频率的，比如动物在攻击前发出的低吠和咆哮。这就是中耳所能感知到的——较低的频率和危险的声音。

如果有的孩子与嗓音低沉的男老师关系不佳，或者有的孩子在家里和妈妈相处得很好，一听到爸爸的声音就很不安，如果找不到其他原因，那么就要考虑声音的问题了。父亲低沉的声音正是处于低频音域，而这种声音在孩子们被激活的神经系统之中，会被解读为威胁的声音。

当孩子的听力受损时，他们经常会听不清别人到底在说什么，如同经历车祸之后的我。这只是因为他们感到自己处于一种受威胁的状态。如果孩子在婴儿时期就处于超负荷的僵化状态，那听力发展可能会出现明显的停滞，进而影响他们的语言能力。如果你只专注于修复孩子的语言障碍，却不解决隐藏在背后的神经系统的问题，很可能收效甚微，或者即使付出巨大的努力，也事倍功半。

当人们需要进入防御状态时，中耳就会开始检查周围的环境，寻找危险潜在的低频信号。

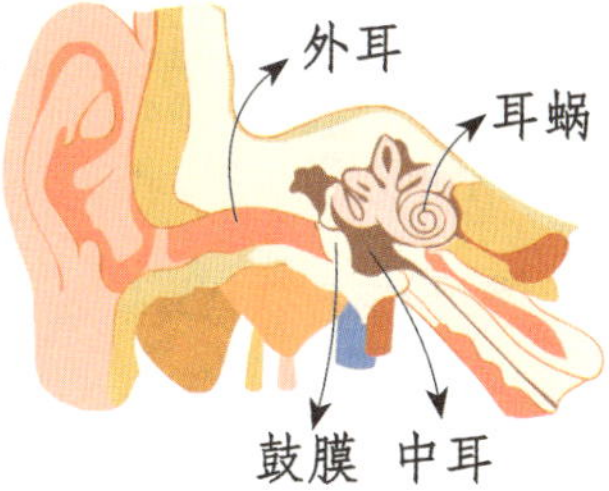

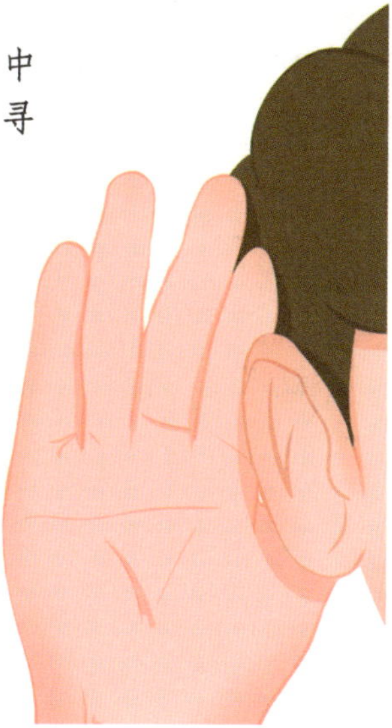

本是一个英俊的小男孩，我曾为他进行过几次治疗。从六个月大起，本就被他的父亲虐待。几年后，我在学前班里见到了本。虽然他已经远离了危险，和他的妈妈安全地生活在一起，但本仍然处于僵化状态。他的语言能力严重滞后，神经系统也仍然处于超负荷的关闭状态。

对他来说，教室的环境是相当令人不堪重负的。同学们跑来跑去，说话、唱歌、叫喊、大哭带来的噪声，各种各样的玩具发出的声音，都让处于僵化的本感到无法应对。老师最为担心的问题之一，就是本的语言表达能力，学校已经为他安排了一些表达和语言类课程。但是，这一切都没有取得任何进展。当我开始为本进行治疗时，我要求暂停这些课程，这样他就不用同时接受太多内容。

每次我到学校为本进行治疗时，我都会非常注意自己。我会在车里检视自己，检查我的身体，注意我的身体正在发生什么，以及我是否能保证稳定。每当踏入学校，我都会遇到有很多压力的成年人，我需要与他们互动，而这个过程会影响我的状态。在我布置治疗室的时候，还经常需要处理一些意外“丢失”的东西。在我把治疗室准备好之后，在接触本之前，我还会再次检视自己，让自己和神经系统变得安全，这也能帮助本，让他感觉安全。

几个月后，本的妈妈说，本开始“融化”了，从僵化之中苏醒过来了。虽然我完全没有把注意力放在本的语言表达上，但他可以和别人愉快地聊天了，并且语言水平开始赶上同龄人。他的身体不再困于僵化状态，这改变了他的神经生理功能，也包括他的中耳——他能听到周围所发生的更多事情。重获安全感使得他大脑的新皮质重新“上线”，再次投入工作，他便能够更有效地处理周围的声音，并开始运用语言能力。

15 你的本能反应可能会让孩子缺乏安全感

当孩子感到不安全时，或者感到事情很危险时，又或是感到生命受到威胁时，他们的大脑和身体所发生的变化并不受自身意识控制。如果孩子感到不安全，他们大脑中负责思考的前额叶皮质就无法工作。当孩子的前额叶皮质“下线”时，你再怎么鼓励孩子做出明智的选择也无济于事。

如果孩子感受到了威胁，他很可能无法听到，也无法处理你所说的话，即使你认为自己已经说得足够清楚。

如果孩子完全不知所措，呆若木鸡，那么无论你说多少次“当我说话的时候，你要看着我”，他都无法和你进行眼神交流。

有时候，即使孩子感到安全，他也会试探界限，试图表明自己的观点，故意忽略你。而当孩子感到不安全时，他的神经系统就会做出反应，大脑、身体和行为也会做出反应。他会变得难以相处，具有对抗性，反应迟钝，回避他人或无法集中注意力，等等，这些都不是他自己能够决定的。作为成年人的你，需要能够了解其中的区别，并做出相应的调整。

如果你能够理解这些潜意识的变化，就可以通过练习，注意到自己什么时候是不稳定的。当你学会更好地观察自己，才会关注到发生在孩子身上的变化。当你可以诚实地思考是什么导致孩子处于不安全的状态，才能真正地理解孩子。而这对孩子的一生来说，会是一份最为珍贵的礼物。

珍妮身边的大人们都非常困惑，不知道她身上到底发生了什么。去年珍妮的状态还很好。她会回应老师，显得很冷静，作文也写得很好。现在的珍妮总是在课堂上动来动去，和同学发生争执，经常在厕所、教室窗台上或课桌下躲很长时间。她几乎不与任何人进行眼神交流，也很少再动笔写东西。

珍妮的妈妈很焦虑，她很担心女儿，为女儿尽了自己最大的努力。珍妮的妈妈很紧张，肌肉紧绷着，精力明显不足，情绪也不稳定，总是一副快哭的样子。珍妮的爸爸很沮丧，他很爱女儿，但是他不理解女儿，也控制不了女儿的行为。珍妮的爸爸为人热情，会操心很多事情，有一点急性子，总想把事情解决好。他工作很努力，因此总是很疲惫。一直以来，对财务状况的担忧和对女儿的不理解，让他游走在失去理智的边缘。

珍妮学校的一位老师在情感层面也处于僵化状态。这份新工作对她来说实在是太难了，她常常摆出一副“一切都很好”的勇敢姿态，但是内心却在苦苦挣扎。当学生们身处困境的时候，她除了进行威胁和警告，无法为学生们提供任何资源。她情绪紧张，很急躁，这使得别人无法与她亲近。她的声音很尖锐，常常毫无道理地大喊大叫。不到紧要关头，她总是选择忽视班级里发生的许多事情，既不理性也不公正。

珍妮对学校里的另一位老师蒂姆斯却有着良好的反应，蒂姆斯老师是一个能够真正倾听、理解并以最好的状态给予珍妮回应的人。周围人都对此表示惊叹，并想知道其中的缘由，为什么珍妮可以按照蒂姆斯老师的话去做，而与其他人在一起时却截然不同？这像一个谜题。

珍妮对蒂姆斯老师的特别反应并不是难解之谜，她的潜意识“雷达”很敏锐，很容易就能够探测到他人神经系统散发出的威胁，她能够极快地察觉到周围人是不是平静、安全的。妈妈在她的“威胁探测雷达”上发出了不稳定的提示音，逃跑模式立刻被激发。爸爸也发出了不稳定的提示音，并且带有攻击性，对珍妮来说同样意味着是需要采取生存斗争的时候。老师同样发出了非常不稳定的提示音，导致珍妮先启动不在场模式，然后就是僵化状态，并且大部分时间都会进入关闭状态，偶尔也会进行战斗。对珍妮来说，这些人让她感到不安全或受威胁，所以采取了生存斗争模式。

然而，蒂姆斯老师却是沉着的、平静的，她说话像唱歌一样动听，言语之中透露着理解，她总是带着真诚的微笑，和她待在一起，珍妮的身体感到十分安全。当蒂姆斯老师说话时，珍妮能够维持良好的感觉，她能够思考、理解和推理，并具有好奇心和创造力。当蒂姆斯老师要求珍妮去做某些事的时候，她可以照做，也更容易坚持下去，因为她能够听得很清楚。当珍妮生气或者不安的时候，蒂姆斯老师能够帮助她平静下来。和蒂姆斯老师互动使珍妮产生了良好的感觉，她感知到自己的存在，并充满活力，而这些都意味着安全。

珍妮知道周围人都很关心她，也想帮助她，她的大脑接收到了这些信息，但是她的身体就是无法相信。珍妮身边的人都不明白，他们说话的方式、表情、紧绷的肌肉、声音、动作以及他们内心深藏的紧张会给珍妮带来怎样的困扰和压力。自始至终，只有蒂姆斯老师能真正地帮助珍妮，无论是在心理层面，还是在身体层面。

16 孩子神经系统失调，让沟通变成徒劳

布鲁斯·佩里博士是位传奇人物，他了解孩子，了解他们的大脑，也知道如何激发他们展现最好的一面。他是一名精神病学家，一直在研究大脑的发展，以及人际关系在人的成长过程中是如何产生影响的。在他组织的培训中，他提出了一个关键论点，与本书的内容有关。

佩里博士认为，一个神经系统功能性失调的孩子，由于缺乏安全感，他的大脑是无法充分运作的。在孩子的理性大脑“下线”时，如果你认为自

己还可以与孩子交谈，与孩子讲道理，并从孩子那里得到反馈，是在自欺欺人。当孩子感到极度不安全时，任何试图让孩子思考、解释或表现自己的行动，都是徒劳的。

我花了很多时间与经历过失调状态的孩子们待在一起，这些孩子告诉我，他们能够意识到老师或父母正在与自己交谈，并且希望从自己这里获得答案。其实他们也非常困惑：为什么自己无法思考或理解大人所说的话呢？为什么自己无法提供大人想要的东西呢？如果他们能给出正确的答案，或者其他任何答案，他们肯定会这么做。他们也想找到一种最快、最可靠的解决方案，结束这一刻的痛苦。

詹姆斯运动能力很强，也很会鼓励别人。当他在户外的时候很有活力，很自由，和同龄人相处也没什么困难。体育课组队的时候，詹姆斯总是最受欢迎、最先被选中的人。然而，在室内的课堂上，情况就不一样了。詹姆斯在阅读方面很吃力，他发现自己无法专注于眼前的文字，眼睛总在书页上到处乱转。当遇到老师不顺心的时候，尤其是说话的声音比平时更大的时候，詹姆斯的情况会更糟。很多时候，书页上的文字会变得模糊不清。但如果詹姆斯非常专注，且保持着轻松愉悦的心态，便能重新看清文字。詹姆斯在课堂讨论中表现很好，很乐意举手分享他聪明的想法。只是到了阅读或写作的时候，他就会遇到困难。

詹姆斯的妈妈很忙，但她在洗澡前还是会抽出时间陪詹姆斯做作业。有一天晚上，尽管妈妈什么也没说，詹姆斯却能看出她有心事。妈妈脾气暴躁，大声嚷嚷，还很匆忙。脏盘子还堆在一边，他们就在餐桌旁坐了下来。詹姆斯想尽快做完作业，这样妈妈就可以继续完成她的其他工作了。老实说，当妈妈还有其他事情要做的时候，他能感受到妈妈的压力，詹姆斯并不想和她坐在一起，他真希望可以自己一个人完成作业。

詹姆斯的压力越来越大，他开始感到胃部发紧，两颊发热。妈妈让詹姆斯说出家庭作业要做些什么，但他不记得了。妈妈又问了一遍，语气带着一点不满："你是没听见老师讲的话吗？"他当然认真听讲了，但现在，他的大脑一片模糊，他找不到答案。妈妈从詹姆斯的书包里拿出作业，放在他面前的桌子上，轻轻地拍打着桌子，然后用力把作业推到他面前。詹姆斯知道，妈妈越来越生气了。他开始觉得不舒服，他感觉房间开始变小了，而自己被妈妈困在了角落里。

接下来的几分钟里，詹姆斯的状态更加糟糕，他感觉更热、更紧绷了。然后，突然，一切都变得安静了——他仍然坐在桌前，也不再摆弄铅笔了，但也听不到妈妈对他说什么了，他只是盯着一个地方发呆。妈妈认为詹姆斯很没礼貌，并且故意"白了她一眼"，她对此感到不满。事实上，她还有很多事要做，但是她把时间让给了儿子，陪他写作业。十分钟后，詹姆斯仍然没有要完成作业的迹象。每多过一分钟，詹姆斯就会受到更多的羞辱，自我价值感更低，越来越多的证据表明他是个“失败者”。

我亲眼见过这种情境，也从很多有困惑的孩子那里听说过这样的情境。很多孩子都像詹姆斯一样，经历过这种情况。当一个孩子的社会参与系统无法运转时，他们就会进入战斗或逃跑状态。如果这些选择都无法让威胁消失（因为孩子的身体无法从老师或父母身边逃走，他们知道自己不能对老师或父母大喊大叫，或表达任何愤怒的情绪），他们就会进入关闭模式（僵化状态）。正如这个故事中描述的那样，当孩子感到不安全时，试图和他们讲道理，试图让他们思考或解释，不仅是在浪费时间，而且会导致他们进入关闭模式（僵化状态）。成年人对孩子施加压力的时间越长，对孩子自尊的影响就越大。

佩里博士描述了三个阶段：调节、连接和理解。为了发挥每一个孩子的最佳能力，你需要按照这一顺序来帮助孩子。

首先帮助孩子调节自己的神经系统，帮助孩子变得平静，进入社会参与系统，也就是安全状态——这是排在首位的事项。这将会帮助孩子放慢呼吸，调节心率，并让孩子的大脑为身体建立一种安全感。

接下来，你需要与孩子建立连接，而这种重新建立连接的方式，必须让孩子知道他是安全的，你就在他的身边。

当孩子的神经系统得到良好调节，并且与你建立良好的连接，你才能开始探索事情发生的原因。理解是由大脑皮质支配的（即理性大脑），如果理性大脑处于“下线”状态（因为孩子的神经系统仍然处于功能失调状态），进行上述探索就是在浪费彼此的时间。

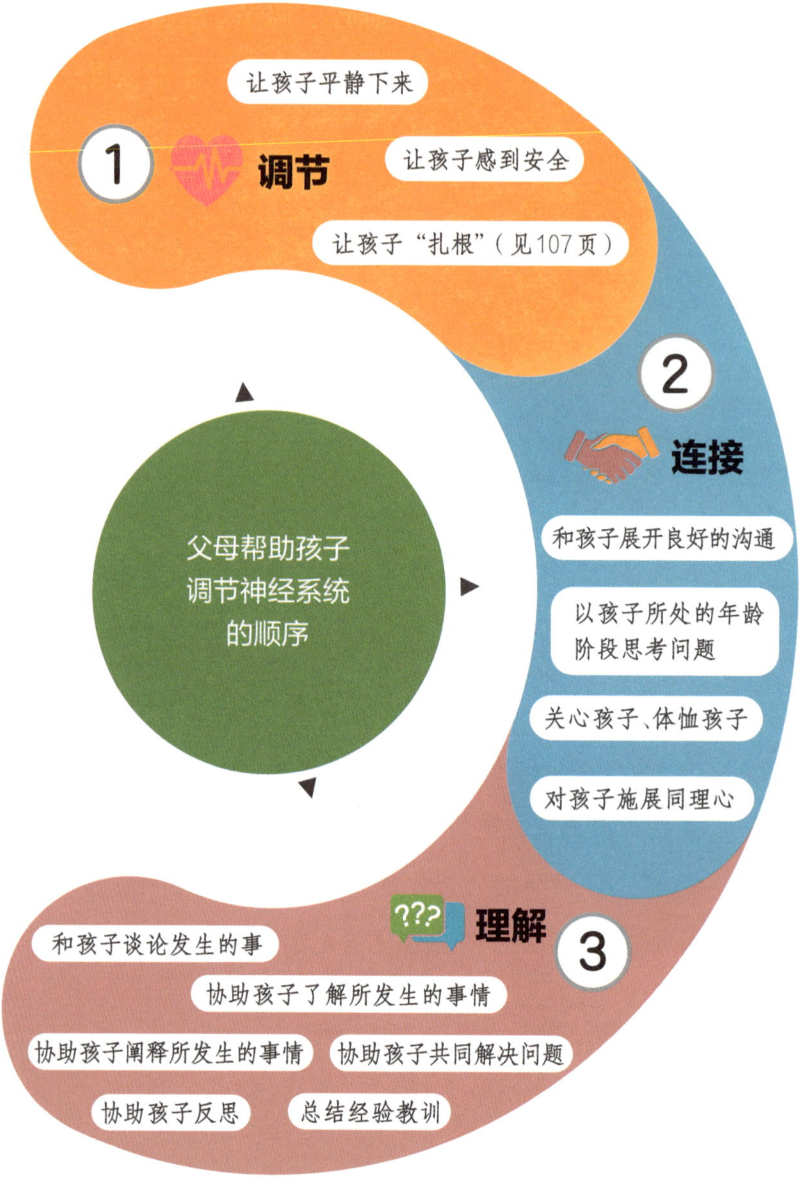
让孩子平静下来
1
调节
让孩子感到安全
让孩子“扎根”（见107页）
2
连接
和孩子展开良好的沟通
以孩子所处的年龄阶段思考问题
关心孩子、体恤孩子
对孩子施展同理心
父母帮助孩子调节神经系统的顺序
???
理解
3
和孩子谈论发生的事
协助孩子了解所发生的事情
协助孩子阐释所发生的事情
协助孩子共同解决问题
协助孩子反思
总结经验教训

当你理解了大脑和身体在压力、危险或遭遇生命威胁时的运作方式，这些阶段所蕴含的智慧就显而易见了。当你试图帮助孩子的时候，要改掉直奔原因的习惯，养成按照“调节—连接—理解”的顺序，建立新的沟通习惯。此外，还有一点是明确的：如果父母自己的神经系统没有处于稳定、“扎根”（见107页）的状态，那么试图帮助孩子调节神经系统、与孩子建立连接或给孩子讲道理，都将是毫无意义的。

儿童的教养

源于成年人的修为，

而非说教。

卡尔·荣格

第3章

“扎根”的父母能帮孩子重获安全感

17 允许情绪糟糕，但要做“扎根”的父母

任何事情都有其合适的时间和地点。

当你需要处理一个真正的威胁时，为了自己和孩子，你必须拿出自己的最佳状态——这意味着要启动与生俱来的生存模式，远离危险或挑战它，使它不再是一个威胁。这时，为了你和孩子的安全，你可以做任何事情。

也许你会大声喊叫，表现出攻击性，或者会把孩子带离危险的环境或人群。孩子可能会被你的

吼叫、拉扯或把他们推开的行为吓到，但是你采取的这些行动都是为了保护自己和孩子的人身安全，请不要为此感觉糟糕。当你和孩子再次安全时，不妨让孩子回想一下自己的感受，他需要说出当时的情况，并被真正地倾听。在听完孩子的讲述后，如果孩子确实因为你的行为而受到惊吓，你可以向他们道歉，并向他们保证，那些行为只是为了保护他们的安全。

人体做出反应必然是有缘由的，当时机成熟时，人们需要依靠这些反应来维持生存。但是，这些反应在日常生活中通常是不必要的。

无论你是愤怒、紧张、焦虑、恐惧、不知所措，还是处于情绪关闭状态，没有任何感觉，身体所处的状态都会向你的孩子传递信息——即使没有语言，身体也在交流。孩子们会下意识地知道你不好，所发生的事情也不好，因此，有可能他们也不好……于是他们的生存自保行为就启动了。

唯一能保证你发挥出最好的一面，并成为孩子们最好的、安全的、可接近的父母的方法就是“扎根”。而只有当你处于“扎根”状态时，孩子才能做到最好，才能茁壮成长。

18 什么是“扎根”

如果试着搜索“扎根[①]”这个词的话，会发现它有很多定义。就像“创伤”一样，它已经悄悄地进入常用词汇，并且经常被不完全准确地运用于科学术语之中。人们也经常会说“扎根”，很多时候想表达的意思是更平静或更好。例如：“我去公

注①：本章节提到的“扎根”，原文为grounded，与rooted意思相近，是形容人可以像植物一样，根茎向下蔓延，深入土地之中，同时地上的部分在稳定而有力的根部支撑下向上生长。grounded在中文译著中常被翻译成“接地”或是“着陆”，但这两种翻译都缺少一种“稳稳地被大地支撑”之感，因而本书翻译为“扎根”，也可理解为“理智”。本书中的“扎根”，指一个人大脑理智，情绪稳定且平静，其神经系统的激活水平处于社会参与状态，各项生理机能可以正常运转。

园散了会儿步，感觉更‘扎根’了”“听音乐有助于我更‘扎根’”，或者“呼吸练习，这种方式可以使我更‘扎根’”。

当人们处于“扎根”状态的时候，会有以下表现。

可以完全运用理智解决问题，完全使用理性大脑。

具有同理心，能够理解别人的观点。

保持真诚的微笑。

说话平静而清晰，不带任何语气。

能够应对别人的情绪，不会把他人的不快放在心上。

真正地倾听，保持客观，想要了解他人的经验或观点。

保持身体的宁静与平和。

散发出让人安心的味道，即没有在无意识之中释放恐惧信息素②。

表现得冷静而自信，透露出“我可以掌控局面”的气息。

思考解决问题的最佳方案，或帮助对方变得更加理智或冷静。

那么，“扎根”究竟意味着什么？这里要提到两位学者以及他们对“扎根”的描述。

第一位是戴维·柏斯利，他是一位国际著名的专家，擅长与精神创伤患者打交道，他对“扎根”的描述如下：

能充分意识到，并与以下内容产生联结；

我内在所发生的事情；

注②：有研究表明，人在感到恐惧时所产生的汗液会散发出一种信息素，周围人会下意识地接收到这种信息素所传递的信号，从而产生同样的恐惧感，也被称为“恐惧气味”。

我身处的环境中所发生的事情；

以及我身边的其他人所发生的事情。

第二位是巴塞尔·范德考克（畅销书《身体从未忘记：心理创伤疗愈中的大脑、心智和身体》的作者），他是目前创伤治疗领域的知名专家，他说：

“扎根”意味着你能感觉到自己的屁股坐在椅子上，你能看到从窗户透进来的光线，感觉到小腿肌肉的紧绷，听到外面的风正在树叶间穿梭。

听起来很不错，但是真正做到这些，要难得多。许多人都善于注意自身周围发生的事情，以及他人身上所发生的事情，但在觉察自己以及身体的内在体验上却相对迟钝。相反，有些人也有可能非常专注于自己内在的每一处细微变化，以至于无法与周围的人产生联结，甚至无法注意到自己身处的环境正在发生什么。

无论父母多么想要拥有“扎根”这种状态，无论父母如何深入地理解“扎根”所能带来的好处，如果想要熟练地掌握它，并希望在任何时候都能保持这种状态，只有勤加练习才能实现。

顺便说一下，永恒的“扎根”状态是完全不可能的。如果你认为可以，或者认识的人说他们可以，可能因为他们已经做了一百万小时的冥想或其他事情，那他们可能只是处于解离状态。这是人体生存“百宝箱”里的另外一个工具。解离状态可以使阿片样肽充斥人体，让人觉得平静，感到轻飘飘的。而实际上，这种状态与僵化状态是类似的，它并不是真正地处于有意识的状态，或是与身体有着联结。如果你仍然无法注意到，无法描述身体内部感觉，那你就不太可能是“扎根”的，孩子们可能会下意识地察觉到你“没有完全在那里”，这意味着你“不能保证他们的安全”。

某些时候，人们可能无法“扎根”，这是再正常不过的事，不必为此感到焦虑。我写本书的首要目的，就是帮助人们真正注意到无法“扎根”的那些时候，以及帮助人们学会自己进入“扎根”的状态。

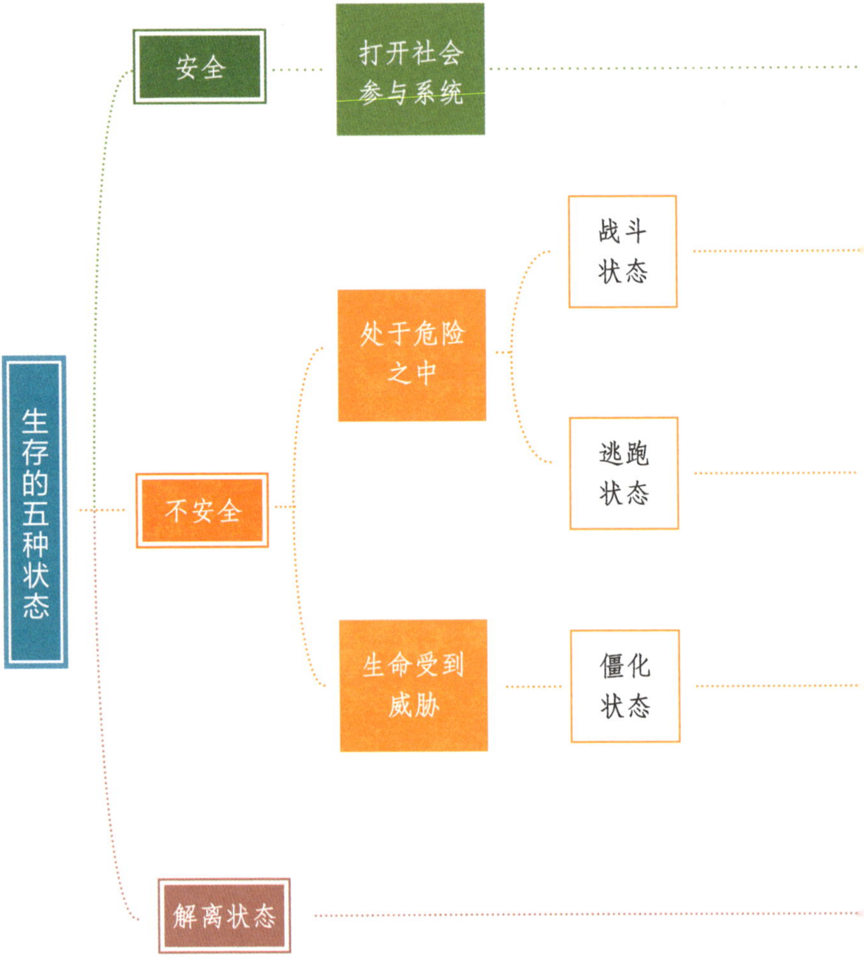

人体生存“百宝箱”

此时人是冷静理智（“扎根”）的，身体各项机能良好，感觉自己很安全，积极阳光，能够茁壮成长。

一种直面危险的状态，此时人的部分身体机能停止运行，整个人变得比平时有攻击性，对发生的事感到愤怒。

一种想要远离危险的状态，人想要离开威胁自己的东西，可能会大喊大叫，也可能非常安静，整个人是一种慌乱的状态，感到很害怕，对现在和未来的事情感到担心或焦虑，感觉很脆弱。

此时人仿佛被冻结在原地一样，身体关闭了所有不必要的功能，比如消化、语言、运动系统，甚至屏住呼吸。

这种状态下身体会释放阿片样肽，此时人会感到平静，整个人轻飘飘的。但这种平静并不是真正的、发自内心的平静，而是一种身体在场、思绪飘远、意识和身体没有连接的状态。

19 是什么阻碍了你“扎根”

是什么阻碍了你成为冷静的、“扎根”的人？或者说，什么样的事情会改变人体的神经系统感知，使人们脱离社会参与系统，进入战斗或逃跑状态？答案是：几乎任何事情。

各种各样的日常事件都可能会让你的神经系统失去安全感和“扎根”的感觉，下面是一些例子。

某事的截止时间（一种人为的“威胁”）。

需要准时抵达某个地方，但发现自己已经迟到了。

试图维持某种外在形象。

在工作中或在家里处于被监督的状态。

被人当场指责或不得不解释自己的情况。

参加考试、测验或评估。

被别人大声呵斥。

听到有人大喊大叫或发出尖叫。

丢失重要的东西（钱、钥匙、手机或宠物等）。

听到意料之外的巨大响声。

听到各类警报器发出警报声。

生活匆匆忙忙，日程安排得太满，无法舒适地安排自己的生活。

与悲伤、愤怒、焦虑或抑郁的人打交道。

他人的不良驾驶行为。

去一个感觉不安全的地方。

与难以捉摸的人（儿童或成年人）待在一起。

进行公开演讲。

目睹一些令人感到不安的事。

感觉被人操纵，或者自己做的事情被他人视为理所当然。

低血糖导致的不适感。

睡眠不足或不充分。

有人把目光从自己身上移开或转过身去。

参加会议、约会或面试。

需要对他人负责（无论何种形式）。

处理大大小小的突发事件。

与他人一同处于不安全的状态。

被动物弄伤。

发生意外或受伤。

进行检查、扫描或注射等医疗行为。

去看牙医。

虽然上述这些例子都不是真正危及生命的情况，然而当身体承受的压力和紧张感越多，就越容易对生活中其他的小插曲、挑战或坎坷做出明显的反应。

除了这些日常琐事所带来的压力，另一件事情你可能更难意识到，那就是无论你多么努力地活在当下，多么专注于高度活跃的大脑，你的身体仍然会保持由过去经历所导致的紧张模式。如果一个人的神经系统在过去几年间都处于战斗、逃跑或僵化状态，那么神经系统完全有可能以同样的方式继续运转下去。因为这是它所熟悉的模式，它会感觉这才是正常的。但是，这样的状态会被其他人注意到，尤其是孩子，他们会更敏锐地觉察到，并且感觉到在你身边是不安全的。

以下这些经历可能仍然在你紧张的身体和神经系统中徘徊。

过去的创伤经历。

出生时的创伤。

成长中的创伤。

在不可预测或不安全的家庭环境中成长。

在一个危险的地方长大。

在家庭或工作场所遭受长期压力。

长期照顾他人（儿童或成年人）。

遭遇事故或受伤。

患病、住院或动手术。

遭到虐待（身体虐待、情感虐待、性虐待或长期被忽视等）。

相较于那些没有经历过任何重大事件的个体（他们的神经系统没有受到影响），如果你曾经有过上述任何一段经历，那么想要重新调节神经系统，让自己“扎根”，就需要花费更多的精力。不过，好在达到这个目标是完全有可能的，我多年的工作经验能够证明这一点。然而，这段旅程是一种选择，而非魔法，它只会通过选择、意向和决定发生。有时，生活会鼓励人们举起一面镜子，帮助你在某个时刻更清楚地看到自己是谁。

苏珊终于摆脱了虐待了她十年之久的伴侣。她顺从着这个男人，想方设法安抚他，才让自己和女儿免受暴虐之苦。如今，苏珊必须依靠自己来维持生计，这让她非常担忧自己的财务状况。

出门之前，女儿和她大吵了一架。到学校的路明明很短，但今天苏珊却感觉格外漫长。送完女儿，她继续开车去工作的学校。到学校之后，有人关心地询问她“你还好吗”，她就像是没有听见一样，仍然沉浸在自己的情绪之中。当她径自向外走去，准备去校门口值班时，因情绪导致的胃部不适还在持续。

今天，苏珊的工作是在校门口与家长交谈、迎接学生进校。通常会有一两个家长利用这段时间发泄他们的挫折感、担忧和焦虑，但是今天，居然有五位家长与她发生口角。结束值班后，苏珊在上课前抽空喝了点水。上午她还要负责两个不同的班级，这意味着她要与六十个孩子近距离交流。到了午餐时间，两个班级中的几个孩子同时聚集在了校长办公室外面，准备投诉苏珊。

这糟糕的一天，一切都是巧合吗？

下午有一个培训课程，苏珊正在学习如何下意识地读懂他人，并接受来自他人的压力。这时，她回想起上午发生的那些事情。苏珊能感觉到，她在早上醒来时内心便充满了担忧，这种担忧迅速升级为愤怒的能量，在她的身体、面容和语气之中若隐若现，这些压力影响着她的身体。而且她意识到，她常常这样，她就是那个“总是在经历艰难时刻”的人。而这一切影响着她接触到的每一个人，女儿、同事、学生家长、两个班级的孩子，所有和她待在一起的人，他们很难感到她是安全的。

苏珊意识到了这一切，轮到她讲述自己的经历时，她承认这一切都是由她导致的，大家倾听了她的心声。她对财务状况的担忧显然是这一切的根源，十年来，她在火山一般的伴侣身边小心翼翼地活着。现在，她意识到，内心被冰山隐藏的那一面依然充满着能量，呈现紧张的状态——这是她真正想要摆脱的东西。她知道自己不可能马上解决财务问题，但是她能控制自己的身体，她当即决定要成为一个更“扎根”、更安全的人。

20 如何成为“扎根”的父母

“扎根”并不仅仅意味着更平静，不过，更平静的确是一个很好的开始。让人变得更平静，能更好地将战斗或者逃跑状态转换到打开社会参与系统的状态，增加安全感。有很多事情可以实现这一点，而选择将取决于个人喜好，比如可以参考以下内容。

听旋律舒缓的音乐。

唱歌，独唱或者和别人合唱。

舞蹈、荡秋千等有节奏的运动。

与自然接触，在自然环境中散步、静坐、观察。

呼气，同时发出“嘘”的声音。

与安全的人待在一起，如果需要，可以与他人进行眼神交流。

抱着安详睡着的婴儿或者动物幼崽。

抚摸温顺的动物。

微笑或是大笑；看有趣的视频，或者看笑话书。

不被打扰地洗一个舒适的热水澡。

画画，或者玩一会儿涂色书。

做园艺工作，种植花木，给植物浇水。

轻轻地摇晃或摆动身体。

将自己倒挂起来，以任何方式都可以，使头部低于心脏的位置。

坐在地板上，或仰卧在地板上，双腿向上举起，靠在墙上。

当然，没有任何一个建议是可以保证一定有用的。而且，即使做了上述这些事情，你确实变得更平静或感觉更好了，你的身体也仍然有可能处于一种解离状态。关键在于你的注意力。你需要将注意力完全放在正在做的事情上，例如，请将你的注意力完全放在睡着的宠物或婴儿的缓慢呼吸上，感受其身体的重量，观察其躺在你身上的位置，注意其气味。

当你栽种植物时，注意土壤带给你的感觉，它的温度、质地、对铲子的阻力，以及你正在栽种的脆弱的花瓣或根系。注意你正在使用的身体部位，以及这些身体部位的感觉。

注意你车钥匙上的线条图案，用你的手指触碰它，感受手指在图案上摸索的感觉。注意在你触摸钥匙时，身体的哪些部分参与了动作，它们都有什么感觉。

感到心绪不宁时，可以试一试栽种植物，泥土的独特气味、植物的嫩叶，都能帮人平静下来。

活在当下，向内探寻

成年人往往没有时间按下生活的“暂停键”，比如，悠闲地散步十分钟，闻闻玫瑰花，听听鸟儿的歌声，在独自绕过街区时感受身体内部的感觉。也许对成年人来说，每时每刻都需要处理那些正在发生的事情，需要对当下所发生的事情负责，仅仅是眼下的状况，就足以让自己焦头烂额了。但是成年人真正需要做的，是处理好此刻的自己，处理好自己的身体，处理好神经系统，只有这样，才能真正做到“扎根”。

真正注意到自己的神经系统什么时候会被激活，什么时候处于战斗状态、逃跑状态或僵化状态，并且擅长识别这些，是重要的第一步。如果多年来你的神经系统都处于“自动驾驶”状态，那么开始自我觉察，意识到自我，是一件大事。当你注意到自己处于“自动驾驶”状态时，请给自己一些掌声（如果可以的话，大声地鼓掌）！一旦意识到自己多年来在无意识地做事情，就是一种成长，是值得庆祝的。

自我觉察之后呢？还能做什么帮助神经系统达到一个更“扎根”的状态呢？有许多方法可以帮助人们变得更加稳定、安全，并重新打开社会参与系统。以下是一些立竿见影的方法，它们可能只需要一两分钟，而且可以随时随地进行尝试。

学会呼吸

无论使用什么呼吸技巧，如果想要平静下来，最关键的因素就是确保呼气的时间长于吸气的时间。吸气会激活交感神经系统，会使心跳加快，这不利于身体平静下来。而呼气会降低心率，激活副交感神经系统，使身体得以平静。一次正常的吸气和一次长时间的呼气，可以迅速改变身体状态，重复做几次，效果会更好。

运用感官通道

通过一些小技巧，就能使人们专注于自己的感觉器官，打断战斗或逃跑状态的激活进程，帮助人们确认所处的环境是安全的。比如，在视线范围内，找出四个蓝色的东西，或者辨别出两个声音，或者盯着一些喜欢的物件看，或者触碰或抚摸一些让身体感觉舒适、舒缓、平静的东西。

关注身体的感觉

对大脑而言，最深层和最古老的语言，就是身体的感觉。学会关注身体的感觉，这是一种需要学习和掌握的技能。在你需要进入“扎根”状态时，可以问自己以下问题，并且尽可能多地花些时间来注意自己的身体，并找到一个答案。

- 你能感觉到自己的肩膀吗？它们是向上耸起，还是向下垂落的？
- 把脚放进鞋子里的时候，你的脚有什么感觉？
- 把手放在水龙头流出的水下，你的手有什么感觉？
- 当你拿着一本书、一个苹果或一支铅笔时，注意你的感觉，你会如何描述那些感觉？

- 淋浴花洒喷出的水打在你的身上，并顺着你的身体流了下来，注意并跟随这种感觉。你能感受到水的流动轨迹吗？你对水是充满抗拒，还是欣然接受？

注意与周围事物的连接

学会注意身体内部的感觉，并将这些感觉连接到稳固和支撑自己的东西上，这样可以找到向大地“扎根”的感觉，努力向深处扎根和探寻。感受自己的脚踩在地板上的感觉，注意地板是如何坚实地支撑着自己，使身体稳稳地站立着的；注意地毯有多么柔软，让自己感到多么舒适；注意背部被椅子支撑着的感觉，注意身体与桌椅板凳接触部分的感觉。

学会微笑面对

人的面部肌肉与中耳肌肉是紧密相连的。当人感到不安全时，中耳就会开始探测和定位周围的低频声音，而眼周和脸颊的肌肉也会发生变化，转变为担忧或愤怒的面部表情，或者面无表情。此时，如果能让自己微笑，就可以逆转这种情况，因为大脑会认为自己没有真正受到威胁。

坐在或趴在地板上

当神经系统进入战斗、逃跑或僵化状态时，如果采取站立的姿势，就会感觉自己暴露在危险之中。这时，如果能坐到地板上，感受地板给身体的稳定支撑，就可以改变身体的能量，从而改变身体之中的神经信号。在家里和孩子相处的时候，父母可以尝试趴到地板上，父母的身体比孩子大，趴在地板上可以降低孩子的不安全感，还可以为孩子带来惊喜，因为孩子没有想到父母会这样做。

老师们几乎一整天都需要站着，当他们与学生一起席地而坐，花点时间真正感受自己与地面的联系，可以帮助老师和学生们，让彼此感到安全和被支持。

独家好方法

在我的职业生涯中，我常常需要和很多充满情绪能量的人一起工作，有时候是孩子，有时候是成年人，有时候也会是家长。家长会因为不了解自己的孩子，或者与学校之间发生信任危机而感到绝望。而学校工作人员发火的原因则是多种多样的。尽管我的神经系统试图对他们的愤怒做出反应，并且准备进入防御状态，但我常常会使用一种更有力的组合方法，使自己保持“扎根”状态。具体包括以下几种。

感受自己与椅子之间的有力联结

我会分配一些注意力，关注自己的臀部在椅子上的感觉、背靠在椅背上的感觉，同时感受椅子的有力支撑。

尽可能微笑

> 微笑的同时，又不会让对方认为我是在嘲笑他们，把握这中间的尺度听起来的确有点困难，但其实是可以实现的。当我开始微笑，脸部的肌肉、我的眼睛和嘴巴都会发生变化。这种调整会告诉我的大脑：“我是安全的，不用离开，也不用变得咄咄逼人。”
>
> 和我待在一起的人，并不知道我的内心活动，不会知道我是如何与自己的身体协商并做出调整的。他们能看到的只有我的微笑，他们会认为我是一个平静、安全且可靠的人。

当一个人能完全感受到自己身体内部的感觉，同时可以使用其他感官来注意周围的环境和其他在场的人所做的事情，那么这个人很有可能是“扎根”的。要想做到这些，可能需要花一些时间。你可以尝试移动到一个新的空间，然后将脸转向不同的方向，开始觉察自己的身体。

蕾切尔是一位认真且勤奋的学校职工，她总是很早到达学校，比所有学生都要早，以确保自己有充足的时间做各项准备工作。有一天，她在出门上班之前和伴侣发生了争吵。伴侣的叫喊声让她的身体感觉非常紧绷，她只想马上离开这个家，远离争吵。蕾切尔已经有所成长与变化，因为之前她一直处于僵化状态，每当发生争吵，伴侣的叫喊声就会让她完全丧失各种能力。她内心会崩溃，变得难以思考，甚至连行动都很困难，一整天都无精打采。

蕾切尔走下楼，来到门口时，她发现自己的视线变得奇怪起来：她仍然看得见，但是视野变窄了，视野的边缘也变得模糊。听觉也发生了变化，她意识到有人在向她叫喊，但却听不清对方在说什么。不过这些并不影响她行动，她摔门离去，虽然摔门声并没有让她平静下来，但是帮助她表达了一些无法说出来的话。

由于堵车，她被迫停在原地，肌肉紧绷感减少了一点，她开始深呼吸，她清晰地察觉到自己的情绪，她开始流泪……这些是她处于僵化或解离状态时感受不到的。她知道现在有两个选择：像以前那样压抑自己的感觉和反应，继续去学校；或者做一些完全不同的事情。

蕾切尔知道自己没有处于“扎根”状态，如果现在去学校，学生们会发现她的异常，并为此感到不安，然后这些学生又会因此遭到训斥。同事也很有可能会感受到蕾切尔的情绪，而这些人可能会因此对学生们更加苛刻。蕾切尔知道在那种环境下很难让自己重新恢复“扎根”，何况她的神经系统刚刚受到了如此强烈的刺激，需要一些时间冷静下来。距离上班还有一段时间，她决定返回家中。

回到家里，只有她一个人，她感觉好了一点，甚至为自己感到骄傲。因为对她来说，直面自己和自己的神经系统，不再像以前那样苦撑下去、否认、假装或解离，这是全新的选择。蕾切尔坐在楼梯上开始号啕大哭，泪水和怒火从她身体内喷涌而出，她充分发泄着情绪。她知道，这不仅仅是因为早上的争吵，更是源于多年来强行压抑、忽视的很多痛苦。不久，她停止哭泣，安静下来。情况有所好转，但她仍然没有恢复“扎根”，她准备做一些简单的事情，度过上班前的这段时间。

蕾切尔想到马上就要过圣诞节了，她准备为同事们包装礼物，这是她最喜欢的事情。她不紧不慢地包装着，双手灵巧地摆弄着纸张、剪刀、胶布和丝带。搭配纸张和丝带的颜色让她感到身心舒畅，听着剪刀剪过丝带的声音，看着丝带打成结，她感到很安心。她的听力和视力已经完全恢复正常，她的脸上和内心都重新有了笑容。现在，她准备好去学校开始这一天了。

关注内在的状态，并让自己变得“扎根”，是值得付出时间的。事实上，这是你为了看到和创造更好的结果而投入的时间。当你“扎根”时，就有能力将情况变得更好。

21 “爱笑的人交好运”的科学依据

我在上一节中提到了微笑，这是我个人常用的方法之一。当我身处具有潜在威胁的环境之中时，微笑可以帮助我的身体变得“扎根”——特别是当我身处专业场合之中，我的内心可能感到很不舒服，但微笑可以帮助理性大脑，让我意识到自己实际上是安全的。

他人的面部表情对孩子来说具有多重意义。当孩子感到不安全的时候，他们会将面无表情解读为一种威胁，认为它意味着更多的危险。

孩子处于不同状态时对他人面部表情的解读

埃玛是一个容易焦虑的女孩。作为一名优秀的学生，她做事总是尽力而为：学习很用功，并努力与周围的人友好相处。无论是和朋友们在操场上玩耍，还是练习体操，或是照顾自己的弟弟，埃玛都尽可能地维持着平静的状态。在学校，埃玛喜欢自己的老师，并且很高兴能在那个班级读书。然而，她经常询问老师，想知道老师过得好不好。“您还好吗，哈里斯老师？”哈里斯老师每周都需要回答好几遍。埃玛也会经常向其他一些教职员问同样的问题。是什么在驱使她反复提出这个问题？她是在寻求关注吗？她是否希望能帮点什么忙？她是想以某种方式接近自己的老师吗？

“埃玛，我很想知道，为什么你总在确认我是否过得好呢？”当哈里斯老师就这个问题发问的时候，埃玛回答：“因为您看起来好像不太好。”哈里斯老师向她保证，自己一切都很好，但埃玛继续向哈里斯老师解释道：“您经常会微笑着和我们说话，这使您看起来很漂亮。不过，您有时候看起来似乎不太好，您没在微笑时，我就会觉得您是在生气。”

哈里斯老师意识到，当自己微笑时，埃玛感觉一切都很好；然而，当埃玛碰巧看到面无表情的自己时，她便会陷入挣扎之中，以为老师生气了。哈里斯老师怎么可能每时每刻都带着微笑？一个如此聪明伶俐的孩子，一个如此焦虑想把事情做好的孩子，怎么会错得这么离谱？事实上，哈里斯老师并不是在生气，有时她只是在思考，或者在等待。

微笑的力量是很强大的，微笑几乎会影响面部所有的肌肉，关键还会影响内耳功能。只有当人们感到安全时，才能真正微笑。但有趣的是，如果把面部肌肉摆成微笑的样子，即使并不是真的在微笑，在90%的情况下，大脑并不会花很长时间来研究这个笑脸，只会把它理解为安全的信号，并帮助放松身体的其他部分。而且，通常在此之后，人们就能真正微笑起来了。

试一试用嘴巴咬着一支铅笔或钢笔，让它帮助你的脸颊变成微笑的形状。尽可能使用靠后的牙齿咬住这支笔，然后试一试，当你把笔拿走之后，你的脸颊露出真正的笑容需要多长的时间。

22 自我关照：倾听身体的声音

有时，变得“扎根”是一种本能：你会想去散步或者跑步，或者坐在户外的秋千上吃一个脆苹果，同时会注意到咀嚼时发出的“咔嚓”声、舌尖的味道和吞咽的感觉，听见鸟儿在歌唱，你也会关注到身体随着秋千前后摆动的感觉。有这么多种方法可以使人变得“扎根”，使神经系统进入“我很安全”的状态，这一切看起来似乎很容易做到，实则不然。

在一个被激活的神经系统中，个体需要显著提高自我意识，才能有意识地注意到自己身体内部正在发生的事情。人们总是倾向于被想法和情感冲昏头脑，而这些想法和情感又常常是与身体正在发生的事情相互脱节的。如果一个人常常在高度激活的状态之下生活，那么战斗、逃跑或僵化就会成为常态，这样的情况下，要想意识到身体里面正在发生的事情就会变得更加困难。每个人都需要花些时间找到适合自己的方法，成为对自己负责的人，帮助自己变得“扎根”。

事实上，经常生活在高压状态之下，身体容易产生疼痛问题（尤其是背部、肩部、颈部或关节），还会有失眠、消化不良或脾气暴躁等问题，或者经常感到烦躁或焦虑。人们就需要以更有效的方式帮助自己，而不仅仅是偶尔“扎根”。

除了书中提到过的创伤经历，生活中可能还会有其他的状况会使神经系统受到重压，从而变得不堪重负。即使在可怕的经历发生多年之后，神经系统仍然有可能会在高度激活的状态之下运行，交感神经系统仍然会驱动战斗或逃跑的生存状态，或者副交感神经系统的迷走神经仍然试图进入僵化状态以逃避生活，这一点儿都不奇怪。

在这些情况下，神经系统可能已经“卡”住了，身体没有机会处理来自过去某个或某些生存时刻导致的巨大的能量激增，而是一直保持着某种生存斗争状态。不久之后，这种激活水平就成为新的常态。体内肾上腺素激增，心跳加快，肌肉紧绷，呼吸变短，这些状态都变得如此平常和熟悉，以至于它们都不再是奇怪的状态了。**事实上，对于许多以这种方式生活的人来说，第一次真正感觉到身体的安静、平和、安全和完全放松，才是他们感觉非常奇怪的时刻。**

值得一提的是，身体充分放松、感到完全安全、冷静和“扎根”，与个体的年龄、能力、职业、精神状况或健康水平都没有关系。我的工作经验让我明白，不论是谁，当神经系统被短暂或长期的压力击倒时，身体都会受到影响。而且，如果不帮助身体完全恢复的话，这种影响可能会持续一生。

经历过创伤，或者长期承受压倒性的压力，最终会在身体上表现出来。虽然某些医生还不了解这些联系，但值得庆幸的是，越来越多的功能医学从业者已经开始熟悉这些知识了。

功能医学属于预防医学领域，旨在以综合性的方法治疗患者，帮助患者恢复健康，而不仅仅是治疗疾病。这些从业者认识到，压力和创伤对身体的影响可能是巨大的。他们明白，如果只是和朋友、心理咨询师甚至心理治疗师交谈，并不能给神经系统带来足够的改善，而神经系统才是所有问题的根源。治愈身体，通常需要从恢复神经系统的安全感开始。

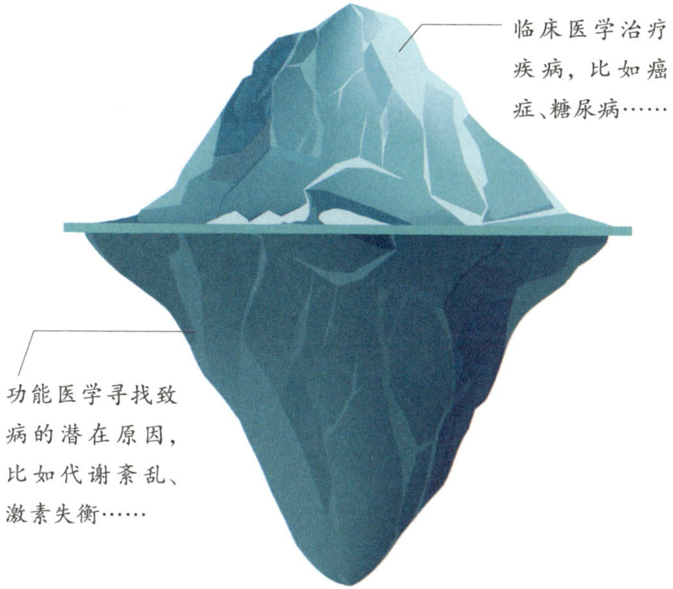

临床医学主要针对已经表现出症状的疾病，而功能医学则向前延展到亚健康状态，此时人的身体只是感到疲惫或偶尔不适，功能医学在这时对身体展开保健与修复，将疾病扼杀在摇篮里。

玛丽莲是一位很少出门的老太太，她只有在陷入绝望，被严重焦虑和抑郁困扰时，才肯来找我治疗。最近两年，最让她烦恼的是身体颤抖的问题，当她坐着看电视、打电话，甚至当她想睡觉时，她都会发抖。她几乎无法让颤抖停下来，医生开的药也不再能起到之前的效果。

玛丽莲已到古稀之年，在治疗过程中，她简短地谈到了小时候发生在自己身上的两次不幸事件。我的治疗其实并不需要她谈论自己的经历，但是她想让我知道这些事情，因为她还从来没有告诉过其他任何人。她将那些可怕的感觉深藏在心里，几十年来，她对任何人都只字未提。她完全明白自己的身体是如何储存这些经历所带来的紧张感的，以及多年的生活如何在她的肌肉中积累了这种紧张感。玛丽莲明白，为了活下来，当时她的神经系统已经做出了反应，她现在需要一些帮助，才能再次让身体恢复正常运转。

在学习了几次与身体相处的新方法之后，玛丽莲重获新生了。她的身体变得更平静，她恢复为从前的自己，再次露出了笑容。第四次治疗的时候，她高兴地告诉我，我教她的方法起作用了。

玛丽莲学习的是一种叫作“压力释放训练”的技术，许多人都发现它有助于调节过度活跃的神经系统。它可以用非语言的方式释放体内的紧张，并将身体和神经系统从压力、紧张和高度活跃的状态转变为平静、安全以及反应更为适当的状态。

压力释放训练技术是一种下调自主神经系统的良方，它首先会关注腰肌，腰肌是一组非常重要的肌肉群。当人们感到压力，或不堪重负，或经历任何类型的创伤时，腰肌就会收紧。有些人将腰肌称之为“压力或生存肌肉”。腰大肌起于第1~5腰椎和椎间盘的侧面，止于股骨小转子处。腰大肌可以在很长一段时间内保持紧张的状态——短则几天，长则数十年。腰大肌长期处于紧张状态，

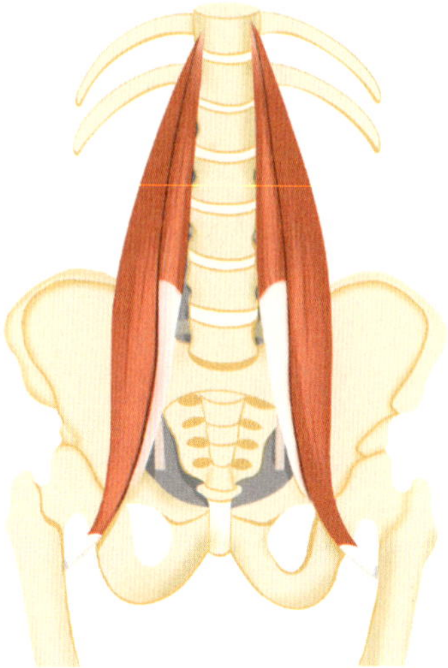

腰大肌

这常常是腰痛的主要原因。这个区域的紧张也被认为与不良的副交感神经反应有关，可以说，人们越能释放腰肌的紧张，就越能强化休息、放松和恢复的能力。因此，当腰肌再次放松时，人们便可以更快地恢复到社会参与的安全模式，而这也可以改善人体的消化能力，帮助放松面部肌肉。

压力释放训练的工作原理是帮助身体自然地激活神经源性震颤。从本质上讲，它是以一种安全的方式，帮助人体完成动物凭借本能就可以做到的事情。当存在压力或任何形式的威胁时，动物会在重新获得安全时“抖掉它”。有机会的话，你可以观察一下小狗，当它不得不做一些不太喜欢的事（比如坐车兜风、遇到霸道或不友好的狗、剪趾甲、去看兽医）时，它会有什么表现。遇到这些事情之后，狗会马上做一次快速的抖动。如果马摔倒了，它们站起来后，做的第一件事，就是通过肌肉发出震颤。北极熊也会通过抖动减压，这是它的本能反应。

人类也可以做同样的事情——只要克服刻板的思维模式，即认为任何形式的颤抖或摇晃都是错误、不好或软弱的表现。许多人发现，在经历了几十年的痛苦、多年的谈话治疗和其他疗法之后，只有压力释放训练以一种他们完全无法想象的方式，真正从内到外地改变了他们的身体。

学习压力释放训练技术，最好在经过专业培训并富有一定经验的专业人士指导下进行。以适宜的速度进行训练，是至关重要的。在整个体验过程中感到绝对安全，会带来富有成效的治疗体验。许多人通过与有基础、有经验的从业者合作，找到了最适合自己的速度。一些从业者也是经验丰富的治疗师，对创伤有着更深的理解，可以较好地保证求助者的安全。

简是一位母亲，她的孩子患有罕见的遗传病。女儿从童年到青春期，一直都在她的照顾和指导下生活，无论从哪方面来说，这种生活都是非常艰难的，因此她很容易感受到压力和筋疲力尽。简有一些处境相同的朋友，他们看起来似乎很平静，但是在身体和情感层面都很疲惫。这种巨大的情绪无法让他们的神经系统有任何改善，他们已经习惯了这一切，他们表面看起来若无其事，内心却不知所措。

但简和她的朋友们不一样。简每次在情绪失控边缘，就会尝试把注意力从孩子身上转移到自己身上，事情就出现了转机。她学会了如何变得更加冷静，也学会了帮助自己的内部反应稳定下来。她会用呼气的方式来稳定神经系统的应激反应，愤怒随之减少了。

简还学习了压力释放训练技术，也使用了其他各种各样的技巧。她发现，当她处于“扎根”状态的时候，她能够真正地进行自我探索。她的平静还影响了女儿，女儿的进步让简很高兴。过去，她越焦虑，女儿就越不安，她越是用尽所有的能量和精力，女儿就越发封闭。而现在，她越稳定，女儿也就越舒适，越愿意与别人沟通。

简仍然会有失望和愤怒的感觉，但不会随时随地失控。她能够让自己的神经系统平静下来，使自己的目光更加长远，能够跳出眼前发生的问题，不被一时的情绪左右，保持客观的判断力。她进入一个享受生活的状态，这种更加稳定的生活方式对简和她的家人来说都是一件好事。

越来越多的证据表明，与大地接触会使人的身体产生放电效果。这个观点基于如下理解：人的身体带有电荷，当人赤脚行走在地面上，身体中的电荷会被释放或中和，就像是建筑物上的避雷针可以将来自天空的电荷安全地引导到地面一样。这也是“扎根”这个词的来源，仅仅是像植物一样，和大地接触，就能让人们变得更稳定。几年前，我参加了一次健康静修活动，当时大家赤着脚在美丽而茂密的草地上漫步，大海的声音作为背景，有鹈鹕从头顶飞过，这样做很容易就让大家感到平静和不那么紧张。

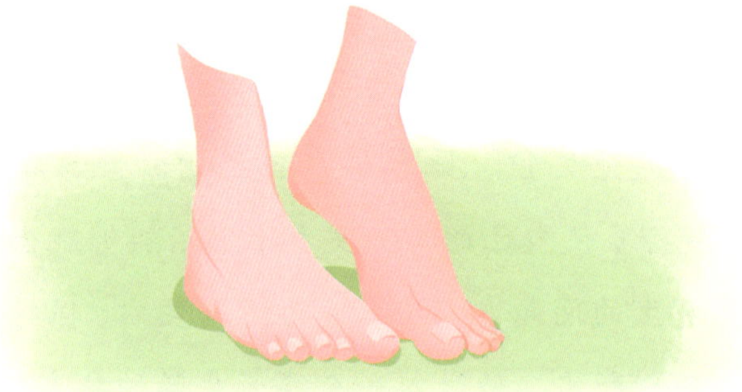

天气晴朗时，赤脚走在草地上，能够帮助身体放松下来。没人打扰时，还可以试试以动物的姿态爬行，注意铺好地毯，做好关节防护。这样不仅能释放压力，还能缓解腰部压力。

身体体验疗法，也称为身体练习，与压力释放训练类似，它的理论基础基于这样一种理解：野生动物经常会遇到危及生命的时刻，但它们似乎不会因此留下创伤。它们有一种本能，可以在威胁过去之后，自然地从体内释放出额外的能量。然而，人类通常不会像动物那样完成这样的循环，所以能量没有消散，而是被困在身体里。

身体体验疗法的关注点在于，创伤是如何被困在身体内的。它专注于认知（思维）和身体层面，可以帮助个体恢复自主神经系统的平衡，回忆创伤前后与之相关的事件，并从心理层面将其解决，使其淡化或者消除强度。但这个过程并不会涉及“重温”创伤。

如果想要通过身体体验来缓解生活中的一些压力，需要把与治疗师的第一次见面看作一次面试。如果你感到任何不适，请相信你的直觉，不要犹豫，赶紧离开。一定要明白：每个人的神经感知会知道什么时候和某人待在一起是安全的，什么时候是不安全的。

23 “扎根”的父母让孩子有安全感

孩子们非常清楚地知道，和你待在一起是否安全。他们会从你的表情、身体的紧张程度、肢体动作、眼睛、眉毛、嘴巴和言语之中了解这一点。如果你对孩子来说是不安全的，就像他们的神经感知在某个特定时刻所记录的那样，他们就需要保护自己，他们的神经生理就会发生变化，而这一切，他们都无法自觉地意识到。

如果孩子正面临着某种威胁，那么他将会从你身上获取更多的线索。例如，如果孩子害怕蜘蛛，而你也害怕蜘蛛，此时就无法帮助孩子了。你的神经系统会被激活，肌肉变得紧绷，手不停挥舞，发出尖叫，慌张且反常，做出匆忙和奇怪的行为，而所有这些表现都会让孩子知道：你很害怕，因此他们完全有理由感到害怕。此时，如果你假装自己不害怕，很可能仍然无法帮助孩子平静下来，因为身体比语言更有说服力。孩子能够察觉到你的身体和声音的不协调，即身体发出的信息（“不安全”）与语言传达的信息（“没什么好担心的”）是不一致的。

孩子检测成年人是否安全的主要途径

然而，如果孩子很害怕，而你是完全安全且“扎根”的，你的身体和语言是协调统一的，你就能够帮助孩子走出“危险”状态。由于你散发出“这对我没有构成威胁”的信号，孩子可能会在一段时间后冷静下来，帮助你抓住蜘蛛，并近距离地观察它。孩子也许会透过玻璃对它发出惊叹，然后平静地帮你一起放生蜘蛛。

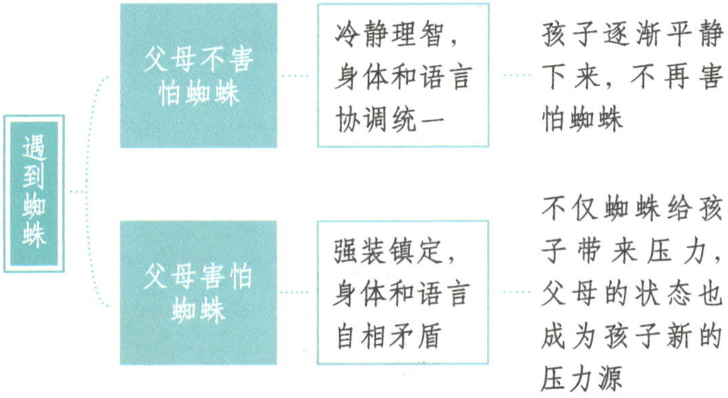

父母如何帮助孩子克服恐惧感

就像詹姆斯做家庭作业那样（见95页），如果孩子此刻和你在一起感到不安全，蜘蛛将会成为第二个威胁，孩子就不得不自己克服恐惧。同样的道理，如果孩子正对某件事感到担心，或者经历了一些令人困扰的事情，又同时察觉到了你的不安，孩子就不会靠近你，也不会谈论自己遇到的事情。这时，就算你告诉孩子，如果有什么困扰可以找你倾诉，他也不会这样做。你需要意识到，孩子的神经感知正在发挥作用，他对父母是否安全的觉察，将是其是否遵循你意见的决定性因素。只有你不成为孩子潜意识之中的威胁，才能真正帮助孩子；只有当你变得足够“扎根”的时候，才能真正让孩子平静下来。

前文提到过一个专业术语叫作“共同调节”（见42页），它是指一个人的存在和互动能够帮助另一个被激活的神经系统平静下来。正如从佩里博士那里了解到的，共同调节是帮助孩子发挥最大潜能的第一步。学会利用自己的身体，你可以通过自己的神经系统、身体向孩子传达信息：“你是安全的，因此一切都很好；我是安全的，我可以帮助你再次获得平静。”搂一搂孩子，紧紧地拥抱，肩并肩坐着，或是背靠背坐在地板上，或是有节奏地摇晃身体，安静或轻声地交谈，都可以帮助神经系统失调的孩子恢复正常的心率，使他们与较为平静的成年人同步。尝试减慢呼吸，放松肌肉，就可以在短时间内恢复生理层面的安全。

你是谁、你的本质，是你能提供给孩子非常重要的礼物。

有时候，你需要做的只是靠近孩子，轻轻地说话，让孩子“看”到你表情里的安全感，听出你语调中的平静，让孩子的潜意识从你平静、放松的身体之中获得信息，这样他也能再次平静下来。他可以有自己的选择，如果孩子没有察觉到你的安全，则可能会采取对抗行动，或是逃跑。

不过，如果你真的遇到令人害怕的场景，比如看到你最害怕的蜘蛛，帮助孩子最好的方法就是：对他们诚实，同时使用前面提到的方法，尽可能让自己实现“扎根”的状态。比如告诉孩子自己的感受：“哦，天哪，是蜘蛛，你知道我不喜欢蜘蛛。但是，我得保持冷静，然后我们可以一起想一想怎么解决现在的状况。”

这种方法会给孩子带去他所需要的，他可能会相信你，并且会按照你说的去做。他会理解你的紧张或恐惧，知道你其实有点害怕。你对孩子说的话会让他觉得你是负责任的人，他会看着你，并学习你处理恐惧的方式。这是多么不可思议的一堂课啊！孩子越能观察到父母在神经系统失调时是如何管理自己的，就能越快地学会如何管理自己。

孩子，

是我们向自己无法看到的时代发送

出的鲜活信息。

尼尔·波兹曼

尽力去做，

直到你知道了更多的东西。

而当你知道了更多的东西，

你就可以做得更好。

马娅·安杰卢

当孩子情绪激动时，

我们的工作是分享自己的平静，

而不是加入他们的混乱。

L.R.诺斯特

第4章

父母是孩子这幅“拼图”的关键碎片

24 开始“扎根”的孩子，会释放负面能量

对于害怕、愤怒、受到威胁或不知所措的孩子来说，“扎根”的父母是非常有力量的。一位“扎根”的、关爱孩子的父母，能疗愈受伤至深的孩子。这可能是一个缓慢的过程，但当父母开始看到孩子个性之中的闪光点一点一点地出现，就像是小刺猬漆黑如珍珠般的眼睛和闪闪发亮的黑鼻子第一次发出了光彩，父母一定会感到自己所做的一切都是值得的，因为孩子会发现：“此时此刻，和这个人待在一起，我是安全的，我可以从封闭的刺猬球里面出来了。”

孩子就像敏感的小刺猬一样，只有爱才能让他和父母建立信任，然后舒展自己。然而，即便是露出肚皮的小刺猬，他们的硬刺仍然存在。

奥利弗自从出生起，就生活在高度不安全的环境之中。他的神经系统总是一片混乱，家意味着不安全，意味着艰难困苦，意味着他需要时刻保持警惕。奥利弗从未体验过什么是安全感，现在也不例外。他六岁了，但家里还是在发生让他害怕的事情。奥利弗的动作幅度越来越小，和他人没有任何眼神交流，几乎不说话。奥利弗的本能使他活了下来，他在不知不觉地躲藏，不引人注意，也没有任何感觉——就像《纳尼亚传奇》中被冻住的灰色雕像一样，这是他所能采取的最好的生存策略。

学校的日子也不好过，灯光、身体、噪声……这些东西对奥利弗来说不堪重负。学习也很辛苦，当他不得不学习的时候，他感到困难重重，身体会有所反应，他会觉得自己又陷入了危险之中。

好消息是，学校里有一位支持奥利弗的老师，她对奥利弗不离不弃，尽管有时她并不能真正地理解奥利弗，但奥利弗知道老师喜欢他。奥利弗不清楚自己是怎么知道这一点的——因为有人喜欢他，对他来说是一种全然陌生的体验。奥利弗喜欢老师的微笑，喜欢老师待在自己身边，喜欢老师眼中的光芒和温柔的说话方式。对奥利弗来说，家人如山呼海啸过境，而老师却像一个风平浪静的湖泊。在狂风暴雨肆虐的地方，老师就像轻柔的春雨，无声地落下来，浸透衣服，接触皮肤，而奥利弗甚至不会注意到自己被淋湿了。

奥利弗的神经系统开始察觉到，在老师身边时，自己生命受到的威胁就会减少。奥利弗的神经系统开始慢慢地从复杂的僵化状态之中苏醒。当神经系统从僵化之中走出来时，他身体所有的部分都会回到被淹没和关闭之前的状态，即拥有巨大能量的动员防御阶段。攻击和奔跑成为奥利弗频繁表达的内容。多年来，由于无法战斗或逃到安全的地方，奥利弗的肌肉一直处于紧绷状态。周围的人们只看到了攻击和奔跑的行为，他们认为这是个不好的信号，但他们不明白，实际上这是奥利弗想从过去的经历中逃脱出来。

奥利弗的康复过程，足以表明他感觉自己更加安全了，但现在也的确让他变得更难“管教”了。奥利弗体验到全新而强烈的情感，这些内在体验使他的身体需要移动和奔跑，奔跑源于他新发现的安全感——有保护他的人在身边。奥利弗的意识不一定清晰地记得过往的经历，但他的身体会记得。身体正在努力完成能量和动作的释放，这

许多父母尽可能在吃穿住行方面给孩子提供保障——更好的衣服、鞋子和玩具，更好的旅行、美食和假期……当孩子们得到特别的东西时，当然会很高兴，但他们真正想要的是更好的父母。

曾经，我和六十个八岁的孩子一起相处，和他们的最后一次课程让我印象深刻。除了分享孩子们的成功故事以及我们在一起的时光，他们真诚的请求也刺痛了我。这是一个无声的请求：请您也为我们的父母上一上这些课程好吗？一个女孩谈到了自己的妈妈，她的妈妈总是忧虑重重，有时还会哭泣，女孩希望妈妈能冷静下来；一个男孩告诉我，他的父亲总是生气，他不知道到底是为什么，但是他希望父亲能够得到更多的帮助。孩子们知道父母的状态，也在为父母担心。孩子们最想要的是，他们的世界之中最关键的成年人（心目中最重要的人）能够平静，能够变得“扎根”，能够重新好起来。

如果真正地关注孩子，你就可能会意识到，自己拼命寻找的、解决儿童心理健康问题的答案，的确是存在的。事实上，自己就是答案。这并不意味着一切都是你的责任，也不意味着只要你变得足够“扎根”，就能根除孩子所面临的所有心理健康问题。

我想说的是，为了满足孩子的期待去做些什么，是每个人（父母、祖父母、老师或助教）都可以选择的未来之路。想要成为什么样的人，这完全取决于自己的选择。你也许没有能力保护所有的孩子，改变整个世界，但可以开启一段旅程，先改变自己——并因此给周围的孩子们带来改变。如同斯蒂芬·波格斯博士所说：“我们最深刻和最重要的变量，是我们自己的生理状态。”

26 超越时间，重建亲密

当父母可以更加熟练地控制自己，在周围观察父母的那些孩子也将因此受益。通过学习，这些孩子会变得更加擅长控制自己，控制自己的身体和神经系统。当孩子们最为重要的榜样（父母）承认：所有人都会有生气、害怕或沮丧的时刻，孩子会很认真地听父母讲话，会自己建立联系并且理解这些话。当重要的榜样（父母）在孩子身边践行自我调节的承诺时，真正的学习时刻就会到来。

孩子们会学习到，生气并不一定要用手、脚或言语去伤害别人。他们知道，害怕的感觉是可以克服的，害怕并不意味着要停止前进，停止尝试，停止行动。他们可以使用自己的语言，发出自己的声音，当他们觉得不安全的时候，不需要躲在僵化状态之中。正如一句诗所说，“孩子们在生活之中学习”。如果大人们以沉着冷静的状态生活，孩子们便会注意：变得沉着冷静是可能的。**当孩子知道父母已经掌握了自我调节的方法，就会受到鼓舞，觉得自己也可以做到。**孩子们可以识别自己的身体何时脱离了安全的生理状态；也可以知道，当感到不安全时，应该如何去自助。

一天，由一位代课老师给马蒂所在的班级上体育课。开始上课后，马蒂穿过操场，离开其他同学，快速走向教学楼，带着一副坚忍、专注的神情。他看上去就像沿着一条看不见的线在走——一条他必须不惜一切代价走下去的线，他好像在执行一项谁都不清楚的任务。副校长在办公室的窗边目睹了这一切，当他正准备走过去一探究竟的时候，马蒂从门外走了进来。

“你还好吗，马蒂？”副校长问道，用的是她和别人建立连接的标志性方式，而不是直接质疑对方，这样就打开了交流的大门。马蒂支支吾吾，不知道怎么回答这个问题。副校长改变了问题：“我想知道，你在这里做什么？”她面带微笑，用轻快的语调发问，这让马蒂放下心来，确定对方只是好奇，而不是要责备自己。于是他说：“代课老师压力很大，因此我觉得应该给他一些时间冷静下来，我来这里是想和一个安全的成年人待在一起。”

这和副校长的猜想完全不同。事实上，她在多年的工作生涯中从未经历过这样的事情：一个孩子，对身边人的能量状态高度敏感。当老师生气时，他意识到自己没有安全感，便设法让自己足够“扎根”，使他的新皮质和理性大脑发挥作用，并选择一种可控的方式移动到安全的地方……

副校长不知道外面到底发生了什么，但对她而言，这是崭新的一刻，对马蒂来说亦然。在过去的一年里，高度紧张的神经系统决定了马蒂的身体在这种时刻会做些什么。马蒂可能会待在教室里，或者躲到课桌下、角落里，或者跑出去。马蒂经常逃离自己的教室，有时甚至逃离整个教学楼，但他从来不会清楚地解释这么做的原因。

所有人（马蒂、父母、老师，甚至是学校里的所有教职员工）一直在做的工作是：越来越多地了解安全感是如何帮助孩子学习和成长的。他们付出的努力正在起效。在这个时刻，那位副校长真正为马蒂感到骄傲，这就是进步的一种证明。

27 回顾莉萨的故事

还记得我在故事开始时提到的莉萨吗？她深深地、拼命地爱着自己的孩子们，但孩子们却不愿意和她说话，不愿意和她待在一起，甚至不愿意靠近她。

多年来，莉萨承受了无数的创伤和难以理解的压力，她的身体被困住了。她被生活压得喘不过气，她的神经系统不堪重负。她每天都处于高度戒备的状态，而且完全处于封闭状态。尽管她知道，把自己逼上“僵化”这座高山的主要威胁已经消失不见（邻居），但她却找不到下山的路。她找不到安全感，无法冷静地思考。她的女儿们收到了莉萨潜意识里发出的信号，选择远离莉萨的身体及其传递出来的信息，以这种方式保护自己。孩子们的神经感知让她们本能地与莉萨保持距离，远离她积压已久的愤怒，远离她单调的脸、她内心的恐惧、她加速的心跳以及她因紧张而绷紧的肌肉（这些都表明莉萨是不安全的）。

有趣的是，莉萨的家庭得到了重建，这的确花了几个月的时间，但她确实获得了帮助，虽然并不是通常或传统意义上的帮助。莉萨没有参与父母培训课程，也没有人给她建议，没有人告诉她应该对女儿们说些什么或做些什么，也没有人要求她把过往经历都说出来。

莉萨学会了如何重新和身体做朋友，如何关注自己的身体并予以帮助，如何跟随它、理解它、尊重它。这段旅程改变了她的性格，改变了她向自己、向外界和向任何接近她的人传递的信息，改变了神经系统状态，同时改变了她的肌肉、呼吸、消化功能、姿势、微笑和“扎根”的状态。

从那以后，她变得安全了。她的身体不再构成威胁，靠近她是安全的，于是女儿们开始重新亲近莉萨了。

莉萨找到了改变自己的正确方法，这让她变得更加“扎根”，改变了她和女儿们的关系。

最近一次见到莉萨时，她喜笑颜开地告诉我，女儿们现在会咯咯地笑，互相打闹，看谁能在沙发上坐得离她最近。如果她不陪着她的宝贝们，孩子们就拒绝睡觉，女儿们会和她度过“晚安依偎”时间。最小的孩子睡得更好了，莉萨讲了一个又一个故事，而大一点的孩子现在会喊妈妈和她们一起玩。她喜欢和女儿们一起做拼写和阅读游戏，孩子们每次放学都迫不及待地告诉她学校里发生的事。莉萨是亲子关系的“幸存者”，她为自己感到骄傲。

后记

给所有人的一封信

我遇到的大多数父母、祖父母、老师或助教，或以其他身份与孩子打交道的人，都想尽己所能帮助孩子，没有人想成为让孩子的生活变得更加艰难的人。

日复一日地在身体和情感上照顾、教导或养育孩子，对所有人来说都是一件困难的事。当我与求助者一对一交流的时候，我会花很多时间去留意并庆祝每一个微小的进步。如果只关注那些巨大的改变，很容易感到失望和挫败。训练自己，让自己在任何情况下都能发现积极的一面，这意味着你会获得坚实的跳板，支撑自己继续前进。

我的初衷，是想要鼓励、激励和赞美那些正在旅程之中的人，那些努力想要更好地理解孩子的父母或专业人士。我承认自己也在担心，当你阅读本书的时候，内心可能会发出自我批评的声音。我知道，很多父母、护工甚至专业人士都很清楚这种自我批评的声音，仿佛时刻在说“这都是我的错，是我不够好，都怪我”，这些话语似乎也在打败你。请不要让这样的事情发生，请不要让这些话打击到你，这不是我的本意。

我希望，从这些文字以及我分享的那些可贵人物的故事之中，你能找到被理解的感觉。我希望你能清晰地认识并理解，有些事情让你的孩子在神经感知层面认为自己安全或不安全——这不全是你的责任——而这种认知将给你带来力量。

我希望你不要陷入“我是糟糕的父母”“我是糟糕的老师”之类的内疚深渊，而是选择更具智慧的战斗口号：“我现在更加清晰，我将用自己的力量，选择我将去往何方。”